W0268744

Die
Getriebe der Textiltechnik

Ein Beitrag zur Kinematik
für Maschineningenieure, Textiltechniker, Fabrikanten
und Studierende der Textilindustrie

von

Dr.-Ing. Oscar Thiering
a. o. Professor am Kön. Polytechnikum in Budapest

Mit 258 Textabbildungen

Springer-Verlag Berlin Heidelberg GmbH 1926

ISBN 978-3-662-27534-4   ISBN 978-3-662-29021-7 (eBook)
DOI 10.1007/978-3-662-29021-7
Softcover reprint of the hardcover 1st edition 1926

Vorwort.

Die Lehr- und Handbücher der Textilindustrie beschreiben die während des Fabrikationsprozesses benutzten Maschinen, ihre Teile und Wirkungsweise mit Rücksicht auf die Herstellung der Erzeugnisse, ohne auf die Grundlagen der angewandten Getriebe, auf ihre Vor- und Nachteile und ihre gegenseitigen Zusammenhänge näher einzugehen.

Die Bücher über allgemeine Maschinenlehre hingegen beschreiben zwar die allgemein gebräuchlichen Maschinenelemente und Getriebe sehr eingehend, streifen jedoch die speziellen Getriebe der Textiltechnik nur ganz kurz.

Für das genaue Verständnis der Textilmaschinen ist es jedoch wünschenswert, wenn gerade diese Getriebe einer eingehenden Würdigung unterzogen werden.

Diese Lücke zwischen dem allgemeinen Maschinenbau und den speziellen Beschreibungen der einzelnen Textilmaschinen will dieses vorliegende Werk ausfüllen und die oft verwickelten Getriebe, ihre Bewegungs- und Geschwindigkeitsverhältnisse dem Verständnis näherbringen.

Auf die Festigkeitsberechnungen wurde weniger Wert gelegt, da dieselben für den ausübenden Textiltechniker von geringerem Werte sind. Um so eingehender wurden die kinematischen Verhältnisse dargelegt, die einen Einblick in die Wirkungsweise der Getriebe gestatten.

Die Einteilung des ganzen Stoffes schließt sich an die Arten der Bewegung an, deren Erzwingung Zweck der Getriebe ist.

Diese Einteilung schien mir aus praktischen Gründen zweckmäßiger als eine nach den Arten der Getriebe, wie sie in Lehrbüchern der Kinematik üblich ist.

Der Anfänger wird dadurch in das Studium dieser interessanten Mechanismen eingeführt, der Fachmann wird in den Ausführungen über konische Scheiben, über den Quadranten und die Leitschiene des Selfaktors, über Römergetriebe, Pilgerschrittbewegung usw. manches Neue und zu weiterem Studium Anregende finden.

Zum Verständnis genügt eine allgemeine Kenntnis der Algebra, einige schwierigere Berechnungen können von Anfängern überschlagen werden.

Budapest, im Juni 1926.   **Dr. Oscar Thiering.**

Inhaltsverzeichnis.

Einleitung.

Die Maschinen der Textilindustrie bestehen aus Elementen, die sich von denen des allgemeinen Maschinenbaues wesentlich nicht unterscheiden.

Die Verbindung dieser Elemente zu Getrieben ermöglicht die Ausführung jener Bewegungen, die zur Verarbeitung der textilen Materialien notwendig und für diese Maschinen charakteristisch sind.

Die eigentümlichen Bewegungen, die uns beim Betrachten einer unbekannten Textilmaschine manchmal in Erstaunen versetzen, lassen sich in den meisten Fällen auf einfache Grundbewegungen und auf ihre Kombinationen zurückführen. Diese Grundbewegungen sind: die Drehung um eine Achse, die fortschreitende Bewegung in einer Richtung und die Schwingung um eine Mittellage.

Die Reihenfolge der Beschreibungen schließt sich am ungezwungensten der durch die Getriebe erzeugten Bewegung an.

Wir besprechen also der Reihe nach die Getriebe für die Drehung, für die fortschreitende resp. schwingende (alternierende) Bewegung und für die zusammengesetzten Bewegungen.

Hieran schließen sich die Mechanismen zum Ein- und Ausschalten der Bewegungen und die Führungen, welche den Verlauf der Bewegungen in bestimmten Bahnen erzwingen.

I. Getriebe der Drehung.

Die wichtigste und am häufigsten vorkommende Bewegung in der Textiltechnik ist die Drehung. Dieselbe ermöglicht den gleichmäßigen Verlauf des Arbeitsprozesses ohne Unterbrechungen und Erschütterungen und entspricht am besten den Prinzipien der rationellen Arbeitsweise.

Die Spinnerei und Appretur huldigt daher schon seit langem dem Prinzip der drehenden Bewegung, von der nur in Ausnahmefällen abgewichen wird. Es ist ein bemerkenswerter Zug bei diesen Industrien, daß man bestrebt ist, andere Arten von Bewegungen immer mehr zurückzudrängen und durch reine Drehungen zu ersetzen. Dies zeigt z. B. die schrittweise Ersetzung des Selfaktors durch stetige Spinnmaschinen.

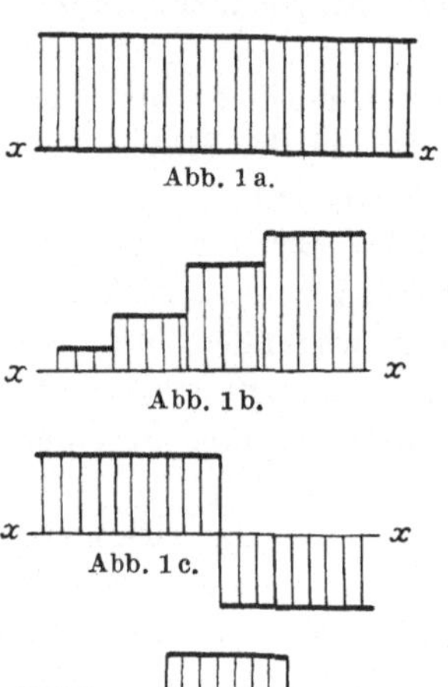

Abb. 1a.

Abb. 1b.

Abb. 1c.

Abb. 1d.

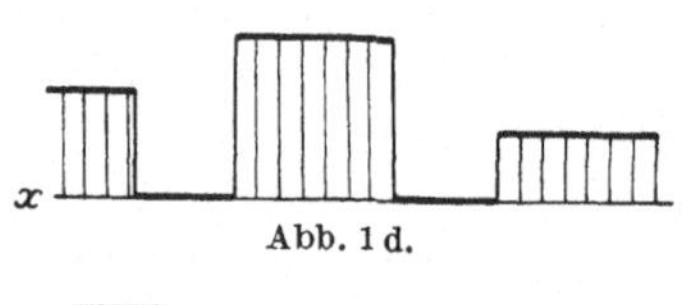

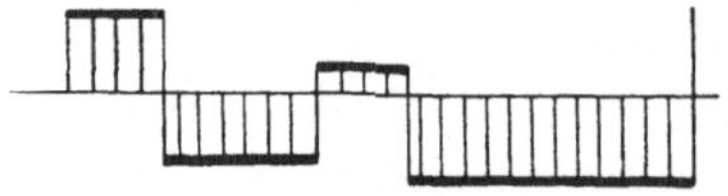

Abb. 1e.

Abb. 1a—e. Winkelgeschwindigkeiten der Drehungen.

In der Weberei hingegen ist es bis jetzt, trotz vieler Versuche, noch nicht gelungen, diesem Prinzip vollständige Geltung zu verschaffen, und der Rundwebstuhl ist noch immer Zukunftswunsch.

Zur Charakterisierung der verschiedenen Drehungen bedienen wir uns eines Diagrammes, welches die Winkelgeschwindigkeit w als Funktion der Zeit darstellt (GZ-Diagramm), d. h. wir tragen in einem rechtwinkligen Koordinatensystem die Zeit als Abszisse auf der X-Achse, die jeweilige Winkelgeschwindigkeit als Ordinate auf der Y-Achse auf.

Ist letztere konstant, dann ist das Diagramm eine zur X-Achse parallele Gerade (Abb. 1a).

Ist dieselbe in größeren oder kleineren Intervallen verschieden, dann ist das Diagramm mit größeren oder kleineren Abstufungen versehen (Abb. 1b), die in eine fortlaufende Kurve übergehen, wenn sich die Winkelgeschwindigkeit fortlaufend abändert.

Bei Drehungen nach zwei Richtungen besteht das Diagramm aus zwei zur X-Achse parallelen Geraden über und unter der Achse (Abb. 1c).

Bei absetzenden Drehungen weist dasselbe Abstufungen auf, die teilweise mit der X-Achse zusammenfallen und dann den jeweiligen Stillständen entsprechen (Abb. 1d).

Bei absetzenden Bewegungen nach zwei Richtungen bestehen die Stufen aus Teilen, die über und unter der X-Achse (Abb. 1e) verlaufen.

Es ist aber bei allen diesen Bewegungen zu beachten, daß Geschwindigkeitsänderungen nie momentan, sondern immer nur allmählich erfolgen können und deshalb die Ecken der Diagramme in Wirklichkeit immer abgerundet sind.

1. Drehung mit konstanter Tourenzahl.

Die wichtigste und am häufigsten vorkommende Drehung ist eine solche mit konstanter Tourenzahl.

Eine wichtige Forderung einer einwandfreien Drehung ist die Ausschaltung der schädlichen Wirkungen der Zentrifugalkräfte und es sind zur Erreichung dieses Zweckes mehrere Forderungen zu erfüllen.

Vor allem müssen sämtliche Drehkörper zur Drehachse symmetrisch gestaltet sein, auch dann, wenn dies der unmittelbare Arbeitszweck nicht verlangen würde.

Die Flügel der Spinn- und Vorspinnmaschinen werden aus diesem Grunde doppelseitig gebaut, obwohl zur Führung des Garnes einseitige Flügel genügen würden.

Genaueste Bearbeitung, statische und dynamische Ausbalancierung der Drehkörper ist aus demselben Grunde eine weitere gewichtige Forderung, besonders für schneller rotierende Elemente, wie für Spindeln oder für solche mit größeren Massen, wie für Kardentrommeln.

Bei Zentrifugen wird die Achse in Lagern geführt, die mit federnden Armen in der Mittellage festgehalten werden und bis zu einem gewissen Grade nachgeben, so daß die Achse von der vertikalen Richtung abweichen

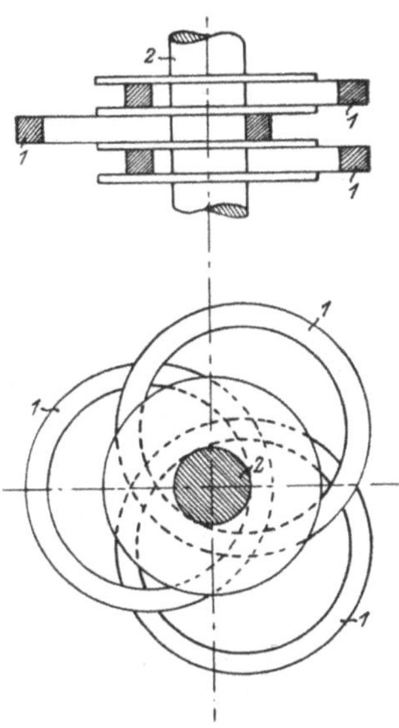

Abb. 2. Ausgleichringe für Zentrifugen.

und sich in die Richtung der freien Achse einstellen kann.

Wird nasse Wolle oder Ware in den Korb gebracht, so kann sich dieselbe leicht an einer Seite anhäufen. Zur Ausgleichung verwendet man entweder eine teilweise mit Quecksilber gefüllte Röhre[1]) oder drei

---

[1]) Siehe **Kinzer**: Technologie der Appretur S. 19.

Ringe, welche zwischen festen Scheiben in horizontaler Richtung verschiebbar sind (Abb. 2) und bei zentrischer Welle und vollständiger Ausbalancierung einen Winkel von 120° bilden, sonst aber auf die dem rotierenden Massenschwerpunkt entgegengesetzte Seite gedrängt werden[1]).

Eine weitere Forderung der Drehung ist die Gleichmäßigkeit der Bewegung; Schwankungen der Tourenzahl bei Textilmaschinen sollen im Allgemeinen 2 bis 5% nicht übersteigen.

Dieser Forderung muß vor allem durch Wahl des Antriebmotors Genüge geleistet werden. Und da von allen Motoren die Elektromotoren den gleichmäßigsten Gang gewähren, so ist es kein Wunder, daß derselbe ein Gebiet der Textilindustrie nach dem andern erobert. Außer seinen sonstigen Vorzügen verdankt er dies hauptsächlich der Gleichmäßigkeit des Antriebes.

Bei manchen Textilmaschinen erfordert die Überwindung des Widerstandes eine veränderliche Arbeitsleistung auch während einer Umdrehung. So benötigt z. B. der mechanische Webstuhl den größten Arbeitsbedarf während des Schlages und während des Blattdruckes.

Um die hieraus entstehenden Ungleichmäßigkeiten des Ganges auszugleichen, wendet man Schwungräder an, die den Arbeitsüberschuß des Antriebes zeitweilig aufnehmen und später wieder abgeben. Dieselben speichern also Energie auf, und nach dem Satz vom Arbeitsvermögen ist ihr Zuwachs an Energie gleich dem zugeführten mechanischen Arbeitsüberschuß.

Das Arbeitsvermögen oder die Energie eines sich drehenden Körpers ist: $\dfrac{J\omega^2}{2}$, wenn J dessen Trägheitsmoment, bezogen auf die Drehachse, ω seine Winkelgeschwindigkeit bedeutet. Bezeichnen wir den zugeführten Arbeitsüberschuß mit A, die größte resp. kleinste Winkelgeschwindigkeit mit ω_{max} und ω_{min}, so ist nach dem Energiesatze:

$$A = \frac{J\omega_{max}^2}{2} - \frac{J\omega_{min}^2}{2} = J\,\frac{(\omega_{max} + \omega_{min})}{2}\,(\omega_{max} - \omega_{min})\,. \tag{1}$$

Setzen wir als mittlere Winkelgeschwindigkeit das arithmetische Mittel von ω_{max} und ω_{min}, d. h. $\omega = \dfrac{\omega_{max} + \omega_{min}}{2}$, so wird:

$$A = J \cdot \omega \cdot (\omega_{max} - \omega_{min}) = J\omega^2\,\frac{\omega_{max} - \omega_{min}}{\omega}\,. \tag{2}$$

Das Verhältnis der auftretenden Geschwindigkeitsschwankungen $\omega_{max} - \omega_{min}$ zur mittleren Geschwindigkeit ω nennt man den Ungleichförmigkeitsgrad δ. Es ist also

$$\delta = \frac{\omega_{max} - \omega_{min}}{\omega} \quad\text{und}\quad A = J\omega^2\delta\,. \tag{3}$$

---

[1]) Weisbach: Ingenieur- u. Maschinenmechanik III, 3, 1, S. 753.

Der Ungleichförmigkeitsgrad δ beträgt z. B. für Webstühle $\frac{1}{40}$ bis $\frac{1}{50}$; die mittlere Winkelgeschwindigkeit ist aus der minutlichen Umdrehungszahl n zu berechnen:

$$\omega = \frac{2\,n\,\pi}{60} = \frac{\pi\,n}{30}. \qquad (4)$$

Ist der Arbeitsüberschuß A berechenbar und ω und δ gegeben, so läßt sich das Trägheitsmoment und daraus die Größe des Schwungrades berechnen.

Beispiel. Aus dem Arbeitsdiagramm eines Webstuhles berechnet sich der mittlere Arbeitsbedarf $N = 0{,}25$ HP, der maximale Bedarf $N_{\max} = 0{,}27$ HP, der Arbeitsüberschuß während $^1/_4$ Tour der Kurbelwelle (bei 150 Touren in der Minute) beträgt:

$$A = (N_{\max} - N)\,\frac{60}{n} \cdot \frac{1}{4} \cdot 75 = (0{,}27 - 0{,}25)\,\frac{60}{150} \cdot \frac{1}{4} \cdot 75 = 0{,}15\ \text{mkg.}$$

Das Trägheitsmoment eines Schwungringes, als welchen wir das Schwungrad betrachten können, ist: $J = m\,r^2 = \dfrac{G}{g}\,r^2$, wenn m dessen Masse, r den mittleren Halbmesser, G das Gewicht bedeutet.

Wenn bei $n = 150/\text{min}$, $\omega = \dfrac{\pi\,n}{30} = \dfrac{3{,}14 \cdot 150}{30} = 15{,}7$ und $\delta = \frac{1}{50}$,

$r = 0{,}2$ m ist, so ist $A = 0{,}15 = J\,\omega^2\,\delta = \dfrac{G}{g}\,0{,}2^2 \cdot 15{,}7^2 \cdot \frac{1}{50}$, hieraus

$G = 7{,}5$ kg. Zieht man den Anteil der Arme in Betracht, so ist G etwas größer zu nehmen, also beiläufig 8 kg.

Die richtige Wahl des Schwungrades ist für den richtigen Gang des Webstuhles von großer Bedeutung; ist es zu leicht, dann geht der Stuhl unregelmäßig, ist es zu schwer, dann wird der Stecher und Frosch sehr beansprucht.

Innerhalb der Maschinen erfolgt die Weiterleitung des Drehimpulses mit Hilfe von Riemen, Seilen, Schnüren, Ketten, Reibungsrädern und Zahnrädern, und zwar bei größeren Kräften und Tourenzahlen mit Riemen, Seilen und Schnüren, bei kleineren Touren mit Ketten, wenn in beiden Fällen die Entfernung der Wellen größer ist — bei langsamerem Antrieb, genauer Übersetzung und kleinerer Wellenentfernung mit Reibungsrädern und Zahnrädern.

Bei Riemen- und Seilantrieb sucht man die Geschwindigkeit des Riemenlaufes nach Tunlichkeit zu vergrößern, weil die zu übertragende Kraft P und die Beanspruchung des Riemens resp. Seiles bei gleichbleibender Arbeitsleistung N nach der Formel: $P\,v = 75\,N$ desto geringer ausfällt, je größer die Geschwindigkeit v ist.

Bei Zahnradantrieb wendet man zumeist Stirn- und Kegelräder, bei geschränkten Wellen, wie z. B. beim Flyer, hyperbolische Räder und bei großen Übersetzungen Schraubenräder an. Stirnräder mit Winkelzähnen kommen vereinzelt vor.

Kettenräder finden Verwendung für Triebe, deren Achsenentfernung für Zahnräder zu groß, für Riemenübertragung zu klein ist.

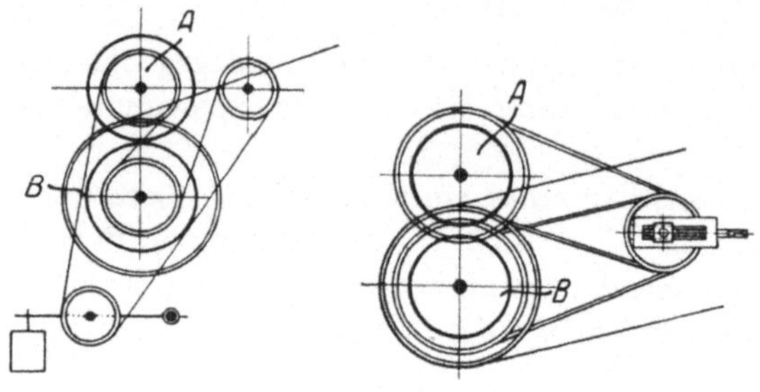

Abb. 3a u. b. Spannungsausgleich für Riemen- und Seiltriebe.

Reibungsräder wendet man bei Maschinen mit schnell umlaufenden Wellen an, die man öfter in und außer Gang setzen muß. Da die Reibung die Geschwindigkeit der getriebenen Welle nur langsam ändert, werden bei ihrer Anwendung Stöße vermieden, die für die Maschinen gefährlich werden können. Konische Reibungsräder wendet man z. B. zum Antrieb der Zentrifugaltrockenmaschinen an.

Alle diese Antriebe funktionieren nur dann richtig, wenn die Entfernung der Wellen während des Betriebes gleichbleibt, weil im entgegengesetzten Fall bei Riemen- und Seilantrieb die Spannung sich ändert und Gleit- und demzufolge Tourenverluste entstehen, bei Zahnrädern die richtige Kämmung aufhört und beim Wiedereingreifen Stöße entstehen.

In einigen Fällen lassen sich aber die Änderungen der Wellenentfernungen nicht umgehen und sind dann entsprechende Konstruktionen zu benutzen, welche obige Nachteile aufheben.

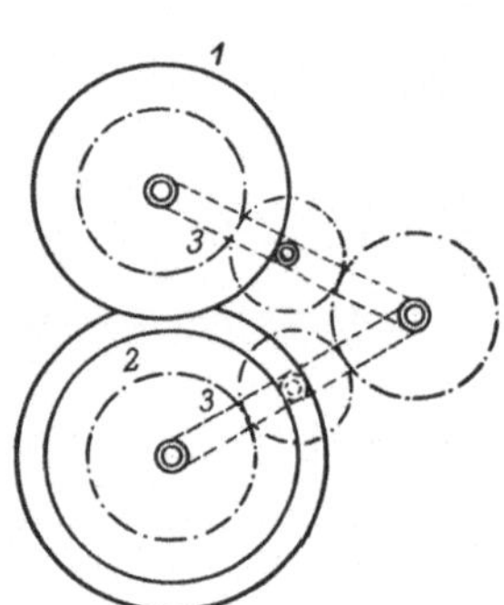

Abb. 4. Räderknie für Walken.

So wendet man an Walkmaschinen, wo die beiden Walkzylinder AB eine wechselnde Entfernung besitzen, bei Riementrieb die Riemenführung und Spannung durch eine bewegliche Rolle laut Abb. 3a, bei Seilbetrieb eine Hilfsrolle mit Nachspannung laut Abb. 3b[1]), bei Zahnrädertrieb ein Räderknie laut Abb. 4 an.

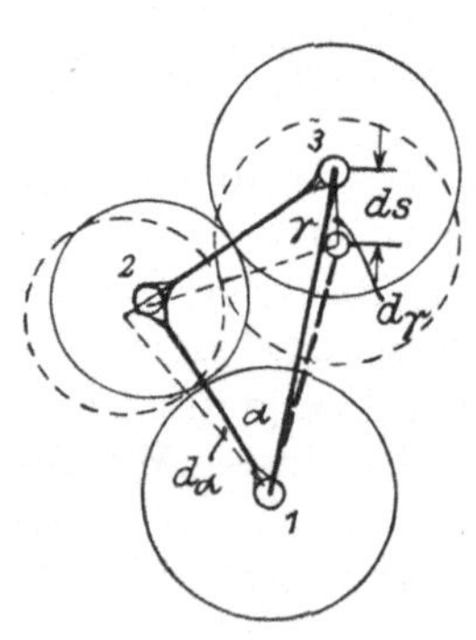

Abb. 5. Räderknie mit drei Rädern.

Letzteres ist in einfachster Gestalt in Abb. 5 abgebildet und besteht aus einem Kniehebel, dessen Zapfen die Wellen der Zahnräder 1, 2, 3

---

[1]) Siehe Kinzer: Technologie der Appretur S. 51.

trägt und bei Aufwärtsbewegung von 3 sich ausdehnt, bei Abwärtsbewegung zusammenknickt.

Es fragt sich, welche Bedingungen zu erfüllen sind, damit die Tourenzahl von 3 konstant bleibe, wenn sich die Entfernung der Achsen ändert[1]).

Zum Verständnis dieser Frage denken wir uns Rad 3 um den kleinen Weg ds auf- oder abwärts bewegt, wodurch Arm 12 um den kleinen Winkel $d\alpha$, Arm 23 um Winkel $d\gamma$ sich dreht, wenn α und γ die ursprünglichen Winkel der Arme bei 1 und 3 bedeutet.

Die Umfangsdrehung von 2 ist gleich der Bewegung des Rades 2 um den Mittelpunkt von 1, und wenn wir die Radien von 1, 2, 3 mit r_1, r_2, r_3 bezeichnen, den Drehungswinkel von Rad 2 mit $d\omega$, so ist:

$$r_2\, d\omega = (r_1 + r_2)\, d\alpha \tag{5}$$

oder:

$$d\omega = \frac{r_1 + r_2}{r_2}\, d\alpha\,.$$

In ähnlicher Weise ist der Drehungswinkel, den Rad 2 infolge der Drehung von 2, 3 erleidet:

$$d\omega_1 = -\frac{r_2 + r_3}{r_2}\, d\gamma\,. \tag{6}$$

Soll Rad 2 keine Drehung erleiden, so ist $d\omega + d\omega_1 = 0$, d. i.:

$$\frac{r_1 + r_2}{r_2}\, d\alpha = \frac{r_2 + r_3}{r_2}\, d\gamma\,, \quad (r_1 + r_2)\, d\alpha = (r_2 + r_3)\, d\gamma\,. \tag{7}$$

Aus Dreieck 123 folgt aber:

$$(r_1 + r_2)\sin\alpha = (r_2 + r_3)\sin\gamma$$

oder differenziert:

$$(r_1 + r_2)\cos\alpha\, d\alpha = (r_2 + r_3)\cos\gamma\, d\gamma. \tag{8}$$

Da nun laut (7):

$$(r_1 + r_2)\, d\alpha = (r_2 + r_3)\, d\gamma$$

ist, so folgt:

$$\cos\alpha = \cos\gamma\,, \qquad \alpha = \gamma\,, \tag{9}$$

also $12 = 23$. Dreieck 123 ist also gleichschenklig, was nur möglich ist, wenn Rad 1 und 3 gleich groß ist.

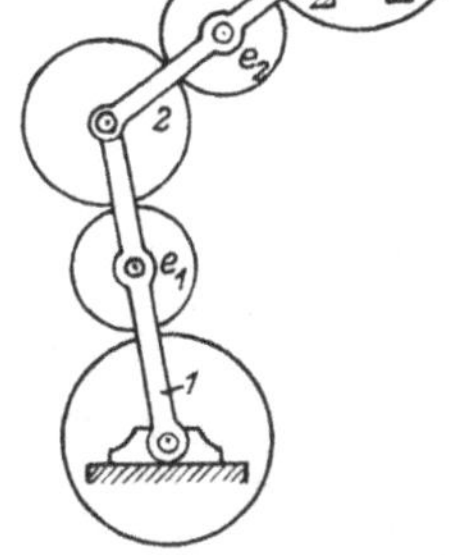

Abb. 6. Räderknie mit fünf Rädern.

Sind die Räder 1 und 2 sowie 2 und 3 außerdem durch Transporträder mit den Radien e_1 und e_2 verbunden (Abb. 6), und bezeichnen wir

---

[1]) Siehe Weisbach: Ingenieur- u. Maschinenmechanik III, 1, S. 248 ff. — Demuth: Die Spindelbänke für Baumwollspinnerei.

die Radien von 1, 2, 3 wie früher mit r_1, r_2, r_3, dann können wir die Bedingung, daß Rad 3 bei Auf- oder Abwärtsbewegung keine Drehung erleide, durch folgende Gleichung ausdrücken:

$$\frac{r_1 + r_2}{r_2}\, d\alpha = \frac{r_2 + r_3}{r_2}\, d\gamma \qquad \text{oder} \qquad (r_1 + r_2)\, d\alpha = (r_2 + r_3)\, d\gamma$$

oder:

$$\frac{d\alpha}{d\gamma} = \frac{r_2 + r_3}{r_1 + r_2}, \tag{10}$$

deren Richtigkeit daraus erhellt, daß Transportträder auf die Größe der Drehung keinen Einfluß ausüben.

Da nun aus dem Dreieck 123 folgt, daß:

$$(r_1 + r_2 + 2\,e_1)\sin\alpha = (r_2 + r_3 + 2\,e_2)\sin\gamma,$$

oder differenziert:

$$(r_1 + r_2 + 2\,e_1)\cos\alpha\, d\alpha = (r_2 + r_3 + 2\,e_2)\cos\gamma\, d\gamma$$

oder:

$$\frac{d\alpha}{d\gamma} = \frac{(r_2 + r_3 + 2\,e_2)\cos\gamma}{(r_1 + r_2 + 2\,e_1)\cos\alpha} \tag{11}$$

ist, so ist in Verbindung mit Gleichung (10):

$$\frac{r_2 + r_3}{r_1 + r_2} = \frac{(r_1 + r_3 + 2\,e_2)\cos\gamma}{(r_1 + r_2 + 2\,e_1)\cos\alpha}, \tag{12}$$

das ist aber nur möglich, wenn:

$$\alpha = \gamma, \qquad r_1 = r_3 = r_2, \qquad e_1 = e_2 \tag{13}$$

ist, d. h. wenn sowohl die inneren Transportträger wie die äußeren Räder 1, 2 und 3 gleich groß sind.

Anwendung findet dieses Getriebe z. B. beim Flyer zum Antrieb der Spulen, die auf der auf- und abwärts gehenden Spulenbank sitzen und durch diese Bewegung keine zusätzliche Drehung erfahren dürfen[1]); ferner bei Walkmaschinen, deren Zylinder auch bei veränderlicher Wellenentfernung gleiche Umfangsgeschwindigkeit beibehalten sollen. Das Getriebe gehört eigentlich zu den Parallelführungen, von denen später die Rede sein soll.

2. Drehung mit veränderlicher Tourenzahl.

Bei Textilmaschinen kommt es häufig vor, daß man die Tourenzahlen ändern muß, weil sich die Garnnummer, die Gewebedichtigkeit oder ein anderer Faktor ändert, der eine andere Tourenzahl bedingt.

Hierzu können die verschiedensten Drehtriebe, Riemen- und Seiltriebe, Reibungstriebe, Zahnradantriebe verwendet werden, wenn dieselben mit entsprechenden Änderungen versehen werden.

---

[1]) J o h a n n s e n: Baumwollspinnerei S. 159 ff.

Bei Riemenantrieb kommen die bekannten Stufenscheiben in Betracht, die bei Werkzeugmaschinen eine große Rolle spielen.

In der Textiltechnik werden sie selten angewendet, weil eine nach nur wenigen Tourenzahlen abgestufte Geschwindigkeitsänderung dem Wesen des Arbeitsprozesses in der Textilindustrie nicht entspricht.

Am meisten würden sich dieselben noch für Webstühle eignen, um den Gang des Stuhles je nach der Güte des Materials und der Geschicklichkeit des Arbeiters in beschränkten Grenzen abzuändern. Dahinzielende Vorschläge wurden jedoch von der Praxis abgelehnt.

Anwendung finden dieselben u. a. bei Rauhmaschinen zur Erzielung verschiedener Rauhgeschwindigkeiten und beim Selfaktor für Streichgarne zur Erzielung einer dreifachen Spindeltourenzahl.

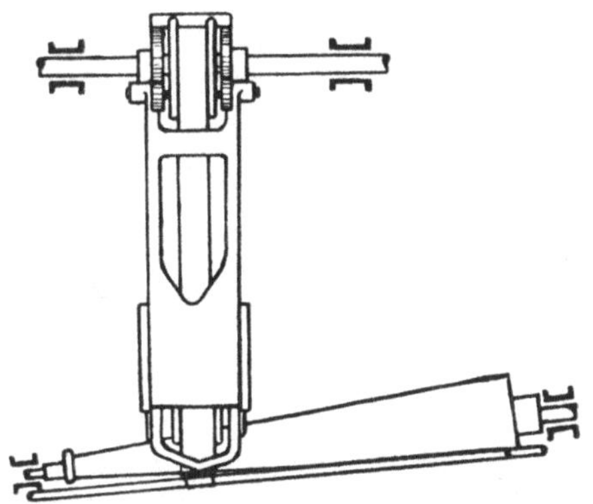

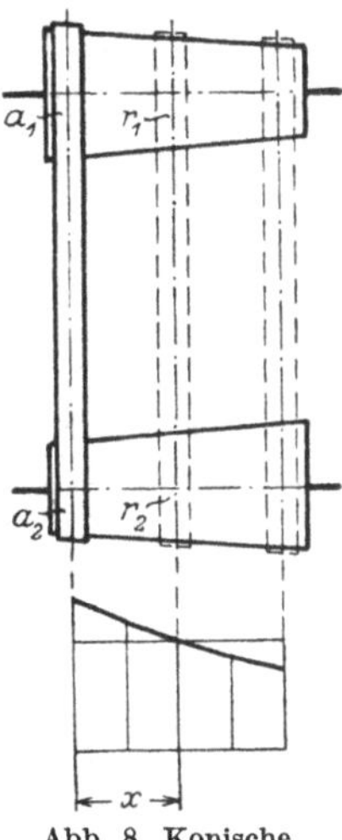

Abb. 7. Konische und zylindrische Riemenscheiben.

Abb. 8. Konische Riemenscheiben.

Man verwendet hier dreierlei Riemenscheiben, deren Riemenleiter im geeigneten Momente durch Zählwerke automatisch verschoben werden.

Die nähere Einrichtung derselben besprechen wir bei den Schaltvorrichtungen.

Wichtiger für die Textiltechnik sind konische Riemenscheiben, die bei fortlaufender Verschiebung des Riemens eine mannigfaltigere Änderung der Tourenzahlen gestatten.

Bei denselben ist entweder nur eine Scheibe konisch gestaltet, während die andere mit dem Riemen zugleich verschobene, zylindrisch ist (Abb. 7), oder beide Scheiben sind konisch resp. hyperbolisch begrenzt.

Sind beide Scheiben konisch gestaltet (Abb. 8), dann ändert sich die Tourenzahl der getriebenen Scheibe mit der Verschiebung des Riemens nicht in geradem Verhältnis.

Wenn wir nämlich einen beliebigen Radius der treibenden Scheibe mit r_1, den entsprechenden der getriebenen mit r_2, die Tourenzahlen mit n_1 und n_2, die Riemenverschiebung mit x bezeichnen, so können wir die Radien der Scheiben durch folgende Gleichungen ausdrücken:

$$r_1 = a_1 - b_1 x, \qquad r_2 = a_2 + b_2 x, \tag{14}$$

wobei a_2, a_2 die Anfangsradien, b_1, b_2 konstante Werte bedeuten, die von der Neigung der Kegelflächen abhängen.

Die geradlinigen Erzeugenden der Kegel sind nämlich geneigte Gerade, deren auf die Konusachse als X-Achse bezogene Gleichung obige Form besitzt.

Die Touren der getriebenen Scheibe sind gleich:

$$n_2 = n_1 \frac{r_1}{r_2} = n_1 \frac{a_1 - b_1 x}{a_2 + b_2 x}. \tag{15}$$

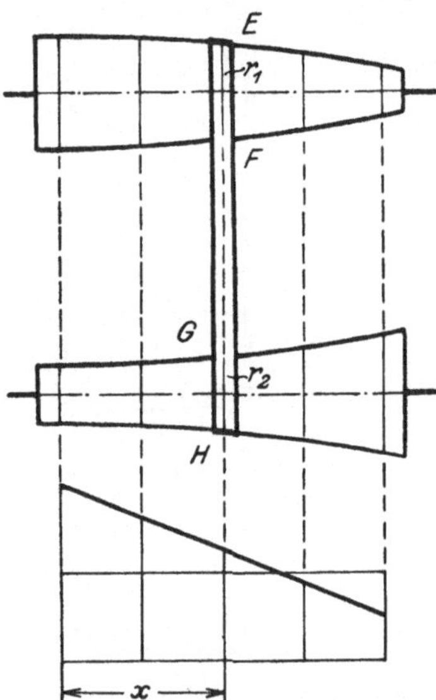

Abb. 9. Hyperbolische Riemenscheiben.

Wenn wir jetzt die Werte von x als Abszissen, die von n_2 als Ordinaten betrachten und die der Gleichung (15) entsprechende GZ-Kurve aufzeichnen, so erhalten wir eine Hyperbel mit dem Anfangswert: $n_{\max} = n_1 \frac{a_1}{a_2}$, deren Verlauf zeigt, daß die Änderung der Tourenzahl der Riemenverschiebung nicht proportional ist.

Anders verhält es sich bei Riemenscheiben, deren Gestalt Rotationshyperboloiden entspricht (Abb. 9)[1].

Hier ist die Änderung der Tourenzahl der Riemenverschiebung direkt proportional.

Zum Beweise dessen verfolgen wir den umgekehrten Weg und untersuchen, welcher Art die Riemenscheiben sein müssen, damit obige Bedingung erfüllt werde und außerdem die Riemenspannung gleichbleibe.

Die erstere Bedingung können wir durch folgende Gleichung ausdrücken:

$$n_2 = a - b x, \tag{16}$$

wobei a, b konstante Werte, x die Riemenverschiebung bedeutet, was, wie ersichtlich, die Gleichung einer fallenden Geraden darstellt.

Die zweite Bedingung wird ausgedrückt durch:

$$r_1 + r_2 = c, \qquad \text{oder} \qquad r_1 = c - r_2, \tag{17}$$

d. h. die Summe der beiden Durchmesser muß konstant bleiben.

---

[1] Siehe auch: Leipziger Monatschrift für Textilindustrie XXXVIII, S. 75, Die Kegel der Baumwollspinnerei.

Es ist nun wie früher

$$n_2 = n_1 \frac{r_1}{r_2} \, . \tag{18}$$

Verbinden wir Gleichung (16) und (18), so ist:

$$n_2 = a - b\,x = n_1 \frac{r_1}{r_2} = n_1 \frac{c - r_2}{r_2}$$

oder:

$$(a - b\,x)\,r_2 = n_1\,(c - r_2)\,, \tag{19}$$

$$x\,r_2 - \frac{n_1 + a}{b}\,r_2 + \frac{n_1\,c}{b} = 0\,, \tag{20}$$

oder:

$$x\,r_2 - B\,r_2 + C = 0\,,$$

wobei

$$B = \frac{n_1 + a}{b}\,, \qquad C = \frac{n_1\,c}{b}$$

bedeutet.

Wenn wir x als Abszisse, r_2 als Ordinate auffassen, so bedeutet Gleichung (20), die Grenzkurve der getriebenen Scheibe, eine gleichseitige Hyperbel, deren Asymptoten mit den Koordinatenachsen zusammenfallen und deren Mittelpunkt in horizontaler negativer Richtung um $B = \dfrac{n_1 + a}{b}$ vom Koordinatenanfangspunkt verschoben wurde[1]).

Beispiel. Die treibende Scheibe läuft mit 240 Touren pro Minute, die getriebene soll im Anfang mit $n_2 = 480$ Touren laufen und bei je 150 mm Riemenverschiebung um 90 Touren langsamer laufen, bis zum Endwert $n_2 = 120$ mm. Die Summe der Scheibenradien soll 150 mm betragen, also $r_1 + r_2 = 150$ oder $r_1 = 150 - r_2$ sein.

Die variable Tourenzahl n_2 läßt sich durch folgende Gleichung ausdrücken:

$$n_2 = 480 - \frac{90}{150}\,x = 480 - 0{,}6\,x\,. \tag{21}$$

Ferner ist:

$$n_2 = 240 \cdot \frac{r_1}{r_2} = 240 \frac{150 - r_2}{r_2}\,. \tag{22}$$

Durch Verbindung von (21) und (22) entsteht:

$$240 \frac{150 - r_2}{r_2} = 480 - 0{,}6\,x$$

oder umgeformt:

$$r_2\,x - 1200\,r_2 + 60\,000 = 0\,, \tag{23}$$

---

[1]) Die Gleichung der gleichseitigen Hyperbel, deren Asymptoten mit den Koordinatenachsen zusammenfallen, ist je nach der Lage der Hyperbel $xy = c$ oder $xy = -c$. Wird die Y-Achse um B verschoben, dann ist an Stelle von x, $x \pm B$ zu schreiben also die Gleichung $(x \pm B)\,y + C = 0$ zu schreiben oder $xy \pm By + C = 0$, was obiger Gleichung entspricht.

was die Gleichung einer gleichseitigen Hyperbel darstellt, deren Mittelpunkt um 1200 mm vom Anfangspunkt entfernt ist.

Die einzelnen Werte von r_2 berechnet man entweder mit Hilfe obiger Gleichungen oder direkt aus Gleichung (23), in die man die Werte von $x = 0, 150, 300, 450, 600$ mm einsetzt und die Gleichung nach r_2 auflöst.

Die Werte von r_1, r_2 resp. die der Durchmesser $d_1 = 2r$, $d_2 = 2r_2$ sind in folgender Tabelle zusammengestellt:

x	0	150	300	450	600
n_1	240	240	240	240	240
n_2	480	390	300	210	120
d_1	200	186	167	140	100
d_2	100	114	133	160	200
$d_1 + d_2$	300	300	300	300	300

Die theoretisch berechneten Scheibendurchmesser bedürfen noch einer gewissen Korrektion. Die Riemen werden nämlich bei den dickeren Teilen der Scheiben stärker angespannt, so daß die Übersetzung einer beliebigen Stellung streng genommen nicht von dem Verhältnisse der mittleren Durchmesser $r_1 : r_2$ (s. Abb. 9), sondern von dem Verhältnisse der äußeren Durchmesser am Riemenende $\dfrac{EF}{GH}$ abhängt.

Damit die Spannung des Riemens in der Breite nicht zu sehr abweicht, ist es daher zweckmäßig, wenn die Neigungstangente der Scheibe kleiner als $^1/_{19}$ ist.

Ferner ist bei der Berechnung der Riemenscheiben die Riemendicke, und bei offenen Riemen die ungleiche Riemenspannung zu berücksichtigen, die außer der Wellenentfernung und den Scheibendurchmessern auch von der Größe des umspannten Bogens abhängt.

Alle diese Umstände erfordern eine entsprechende Korrektion der theoretisch berechneten Durchmesser.

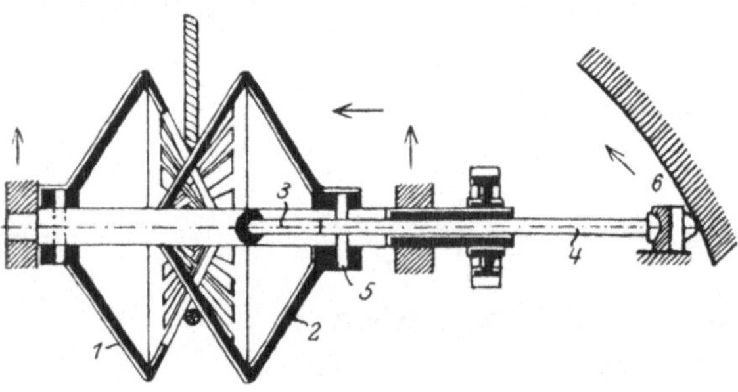

Abb. 10. Verstellbare Scheiben für Seil- und Schnurtrieb.

Anwendung finden diese Riemenscheiben hauptsächlich bei Baumwollflyern, bei der Speisevorrichtung der Baumwollschlagmaschinen, bei Aufbäum- und einigen Appreturmaschinen.

Nach den Riementrieben wären die Seil-, Schnur- und Kettentriebe zu erwähnen. Ein Seiltrieb mit veränderlicher Tourenzahl,

der den konischen Riemenscheiben entspricht, wird bei Flachvorspinn-
maschinen verwendet (Abb. 10)[1]). Zwei mit Schlitzen versehene kurze
Kegel können ineinandergeschoben oder auseinandergezogen werden
und ergeben dadurch eine gemeinsame Rille, die zur Aufnahme eines
Seiles geeignet ist und deren Umfang je nach der Stellung der Kegel verschieden groß ist.

Die gegenseitige Verschiebung erfolgt derartig, daß der linksseitige
Kegel 1 auf der Welle festsitzt, der rechtsseitige Kegel 2 mit Stange 4

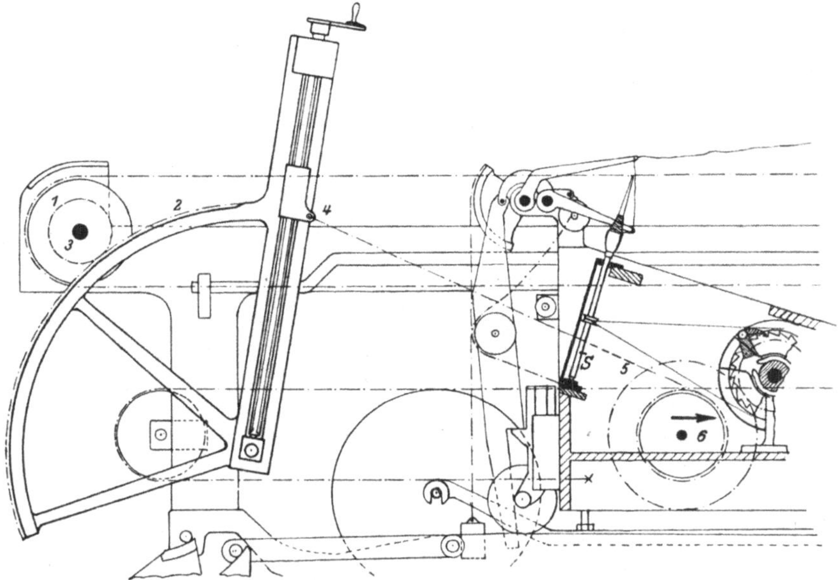

Abb. 11. Quadrant beim Selfaktor, allgemeine Anordnung.

verschoben wird, ohne daß sein Zusammenhang mit Welle 3 aufhört,
da ein durchgehender Keil 5 in einem Schlitze der Welle 3 verschiebbar ist.

Die Stange 4 stützt sich bei der Verschiebung auf eine Leitkurve 6,
deren Gestalt von der gewünschten Änderung des Übersetzungsverhält-
nisses abhängt.

Ein der Textiltechnik eigentümliches Mittel zur Erzielung einer veränderlichen Drehung ist ein Kettenantrieb, der sog. Quadrant, der
beim Selfaktor verwendet wird (Abb. 11).

Den Antrieb erhält er vom Zahnrad 1, das um Achse 3 sich dreht
und mit dem gezahnten Bogen 2 in Eingriff steht.

An Punkt 4 desselben ist Kette 5 befestigt, deren anderes Ende um
Trommel 6 geschlungen und daran befestigt ist. Wenn sich die Trommel

____

[1]) Haussner: Mech. Technologie der Faserstoffe S. 164.

in Richtung des Pfeiles bewegt, dann wickelt sich die Kette von der Trommel ab und dreht dieselbe in einer dem Uhrzeiger entgegengesetzten Richtung. Diese Drehung wird mit Hilfe von Zahnrädern und Schnuren auf die Spindeln S übertragen, die dadurch in periodisch sich ändernde Drehungen gelangen.

Wenn Punkt 4 ein fixer Punkt wäre und die Kette in horizontaler Richtung sich bewegte, dann würde die Trommel bei gleichmäßig fort-

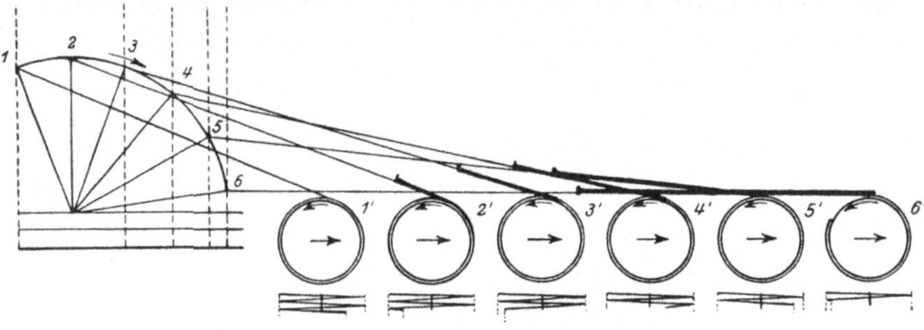

Abb. 12. Quadrant beim Selfaktor.

laufender Bewegung in gleichmäßige Drehung versetzt werden, deren Größe dem jeweilig abgewickelten Kettenstück proportional wäre.

Da aber Punkt 4 einen Kreisbogen beschreibt und einen Teil der Kette nachläßt, wird die Drehung der Trommel ungleichförmig.

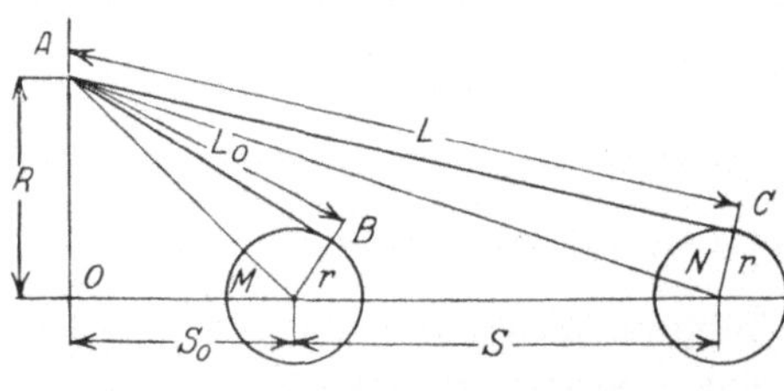

Abb. 13. Bewegung beim Quadranten.

Zur Veranschaulichung dieses Satzes zeichnen wir die Trommel in 6 aufeinander folgenden Stellungen (Abb. 12). In der Anfangsstellung 1′ ist die Länge der Kette durch 11′, in der nächstfolgenden Stellung durch 22′ gegeben. Der Längenunterschied zwischen 22′ und 11′ (in der Abbildung stärker ausgezogen) gibt das Maß für die abgewickelte Kettenlänge und die entsprechende Trommel- resp. Spindeldrehung, während die Trommel von 1′ nach 2′ gelangte. Die Abb. zeigt, daß diese ungleichmäßig wächst und daher die Trommel ungleichförmig gedreht wird.

Zur Berechnung dieser Drehung denken wir uns vorerst die Kette an einem höheren Punkt A des Gestelles befestigt, wie in Abb. 13, bezeichnen den Radius der Trommel mit r, die Höhe des Befestigungspunktes über dem Drehpunkte des Quadranten mit R, die ursprüngliche Kettenlänge mit L_0, die veränderte Länge mit L, die anfängliche Entfernung der Trommel vom Drehpunkte mit s_0, den Trommelweg mit s und setzen voraus, daß der Mittelpunkt der Trommel mit dem Drehpunkt des Quadranten in gleicher Höhe sich befindet, dann folgt aus dem rechtwinkligen Dreieck ACN:

$$L^2 = \overline{AN^2} - r^2 \, . \tag{24}$$

Aus Dreieck AON folgt:

$$\overline{AN^2} = R^2 + (s + s_0)^2; \tag{25}$$

dies in obige Gleichung eingesetzt, gibt:

$$L^2 = R^2 + (s + s_0)^2 - r^2 \, . \tag{26}$$

Aus Dreieck AMB folgt auf analoge Weise:

$$L_0^2 = \overline{AM^2} - r^2; \qquad \overline{AM^2} = R^2 + s_0^2; \qquad L_0^2 = R^2 + s_0^2 - r^2 \, . \tag{27}$$

Wenn wir Gleichung (27) von (26) abziehen, dann ist:

$$L^2 - L_0^2 = R^2 + (s_0 + s)^2 - r^2 - (R^2 + s_0^2 - r^2)$$

oder

$$L^2 = L_0^2 + s^2 + 2\,s\,s_0 \tag{28}$$

oder auch

$$L^2 - s^2 - 2\,s\,s_0 - L_0^2 = 0 \, .$$

Wenn wir nun den Trommelweg s als Abszisse, die Kettenlänge L als Ordinate betrachten und die entsprechenden Werte beider in ein Koordinatensystem eintragen, so können wir uns leicht überzeugen, daß Gleichung (28) eine gleichseitige Hyperbel darstellt (Abb. 14), deren reelle Achse in die Richtung der Y-Achse fällt und deren Scheitel O vom Anfangspunkt des Koordinatensystems um s_0 verschoben ist[1]). Die kleinste Ordinate der Hyperbel ist L_0, und wenn wir in dieser Höhe eine Parallele mit der X-Achse zeichnen, dann geben die schraffierten

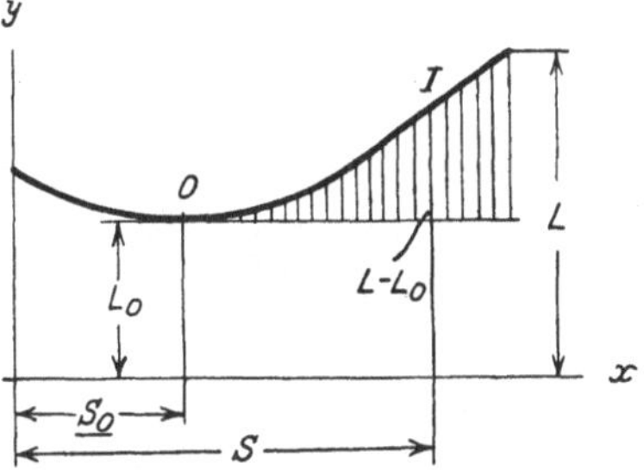

Abb. 14. **Diagramm der Quadrantenbewegung.**

Ordinaten die Verlängerung der Quadrantenkette: $L - L_0$, denen die Umdrehungen der Spindel proportional sind.

Dieser einfache Zusammenhang zwischen Trommelweg und abgewickelter Kettenlänge erleidet dadurch eine Änderung, daß der Quadrant während der Wageneinfahrt gedreht wird, der Endpunkt der Kette also

---

[1]) Die Gleichung der gleichseitigen Hyperbel, deren Mittelpunkt mit dem Koordinatenanfangspunkt und deren Achsen mit den Koordinatenachsen zusammenfallen, lautet: $y^2 - x^2 = A^2$; verschieben wir die Hyperbel horizontal um B, dann lautet die Gleichung: $y^2 - (x + B)^2 = A^2$ oder $y^2 - x^2 - 2\,B\,x - B^2 - A^2 = 0$, was obiger Gleichung entspricht.

der Trommel nachgeht und einen Kreisbogen AD beschreibt, demzufolge von der Trommel weniger Kette abgewickelt wird.

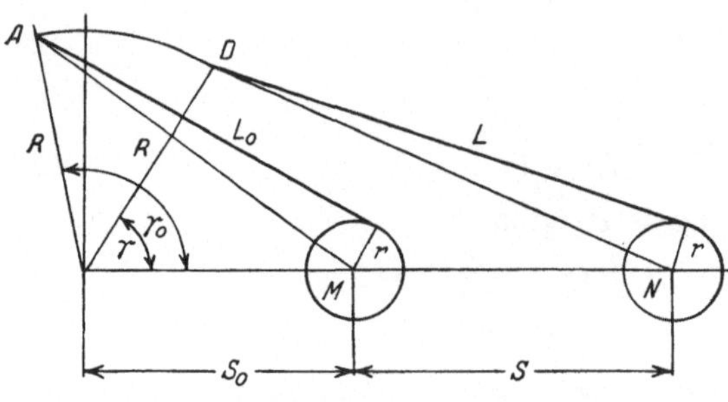
Abb. 15. Bewegung beim Quadranten.

Zur Berechnung dieser Änderung bezeichnen wir den ursprünglichen Winkel des beweglichen Quadrantenarmes mit der Wagerechten mit γ_0, den späteren Winkel mit γ und erhalten dann aus Abb. 15 folgende Beziehungen:

$$L^2 + r^2 = \overline{DN^2} = R^2 + (s + s_0)^2 - 2R(s + s_0)\cos\gamma, \qquad (29)$$

ferner:

$$L_0^2 + r^2 = \overline{AM^2} = R^2 + s_0^2 - 2R\,s_0\cos\gamma_0. \qquad (30)$$

Durch Abziehen der zwei Gleichungen folgt:

$$L^2 - L_0^2 = s^2 + 2\,s\,s_0 - 2R([s + s_0]\cos\gamma - s_0\cos\gamma_0) \qquad (31)$$

oder

$$L^2 = L_0^2 + s^2 + 2\,s\,s_0 - 2R(s + s_0)\cos\gamma + 2R\,s_0\cos\gamma_0. \qquad (32)$$

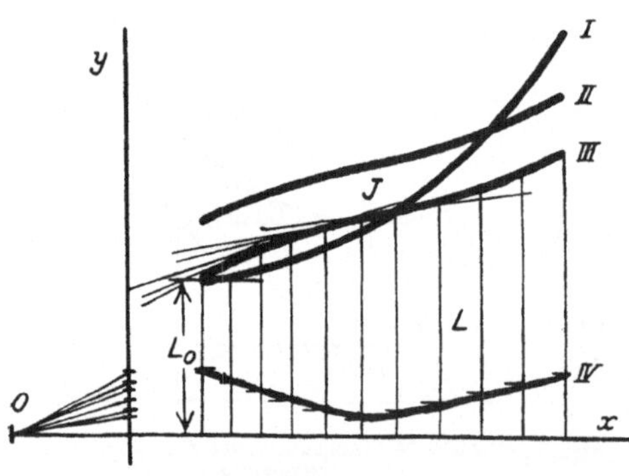
Abb. 16. Diagramm der Quadrantenbewegung.

Dieser Ausdruck ist von der früheren Gleichung (28) nur durch ein konstantes Glied:

$$2R\,s_0\cos\gamma_0 = C$$

und ein veränderliches Glied:

$$-2R(s + s_0)\cos\gamma = D$$

verschieden.

Um den Zusammenhang von L und s graphisch darzustellen, müssen wir vorerst zu den Ordinaten L der früheren Kurve im Anfange, solange γ negativ, also: $-2R(s + s_0)\cos\gamma$ positiv ist, gewisse Werte hinzufügen, später aber, wenn γ positiv, der Quadrantenarm also die vertikale Stellung überschritten hat, gewisse Werte abziehen und erhalten dadurch eine Kurve II (Abb. 16), die sich zuerst über Kurve I erhebt, die mit der Kurve I in Abb. 14 identisch ist, dann unter ihr verläuft.

Zu bemerken ist hierbei, daß das Glied $2R(s + s_0)\cos\gamma$, nicht dem ganzen Betrage nach abzuziehen resp. zu addieren ist, weil L in Gleichung (32) im Quadrat vorkommt.

Kurve II ist dann noch um einen konstanten Betrag nach abwärts zu verschieben, der dem konstanten Gliede $C = 2\,R_0 \cos \gamma_0$ entspricht, und zwar so weit, daß der Anfangspunkt der so erhaltenen Kurve III mit dem der Kurve I übereinstimmt, weil bei $s = s_0$, $\gamma = \gamma_0$ die Länge $L = L_0$ ist.

Die Kurve III zeigt also den Zusammenhang zwischen **Wagenweg** und **abgewickelter Kettenlänge** resp. Spindeltouren.

Die Spindeltouren sind der abgewickelten Kettenlänge direkt proportional, da dieselben durch eine einfache Übersetzung von der Trommel angetrieben werden (siehe Abb. 11). Die Winkelgeschwindigkeit ω der Spindeln bezogen auf den Wagenweg aber ist dem Differentialquotienten der Spindeltouren nach s gleichzusetzen: $\omega = \dfrac{d\,(L - L_0)}{d\,s}$.

Graphisch erhalten wir dieselbe — die GZ-Kurve des Quadranten —, wenn wir aus Kurve III ihre sog. Differentialkurve IV konstruieren, d. h. eine Kurve, deren Ordinaten den jeweiligen Werten der Differentialquotienten gleich sind. Die Konstruktion erfolgt einfach durch Ziehen der Tangenten an beliebigen Punkten der Kurve III, mit denen parallel gezogene Strahlen vom Punkte O auf der Richtachse Y die Ordinaten des entsprechenden Punktes der Differentialkurve abschneiden.

Dort, wo Kurve III im Punkte J einen Inflexionspunkt besitzt, hat die Differentialkurve einen Minimalwert.

Wie Kurve IV zeigt, nimmt die Winkelgeschwindigkeit der Spindeln bis zu diesem Minimalwert ab und dann wieder sukzessive zu.

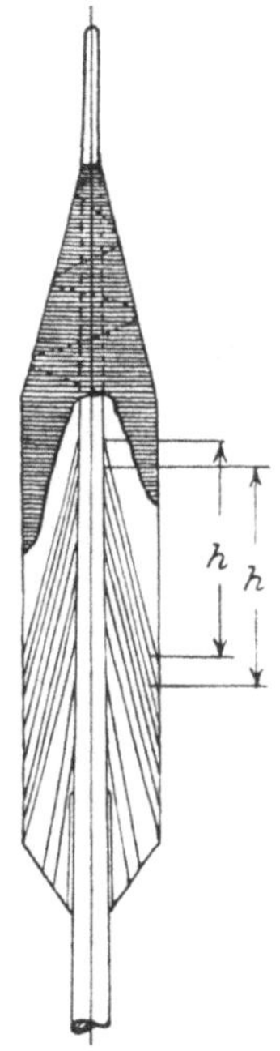

Dies entspricht dem Vorgang beim Aufwickeln des Garnes, bei dem der Faden zuerst von der Spitze zur Basis in absteigenden, dann von der Basis zur Spitze in aufsteigenden Schraubenwindungen geführt wird. Da hierbei der Kötzerdurchmesser zuerst zu- und dann abnimmt (Abb. 17), so sind die Spindelumdrehungen dem Durchmesser verkehrt proportional zu ändern.

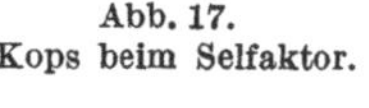

Abb. 17.
Kops beim Selfaktor.

Die Größe der abgewickelten Kettenlänge und der Spindelgeschwindigkeiten hängt aber, wie Gleichung (32) zeigt, noch von einem zweiten Faktor ab, nämlich von dem Abstande R des Kettenendes, vom Drehpunkte des Quadranten.

Wird das Kettenende am Quadranten verstellt, dann ändert sich $L - L_0$ bei größerem R stärker, bei kleinerem R aber weniger.

Wenn wir die L-Kurven für verschiedene Werte von R aufzeichnen, ebenso die entsprechenden Differentialkurven, dann erhalten wir eine Schar von Kurven, die die Änderung der Spindelgeschwindigkeit bei verschiedenen Werten von R charakterisieren.

Dieses Mittel zur Änderung der Spindeltouren wird dann angewendet, wenn der Ansatz des Körpers gebildet wird. Wie aus Abb. 17 ersichtlich,

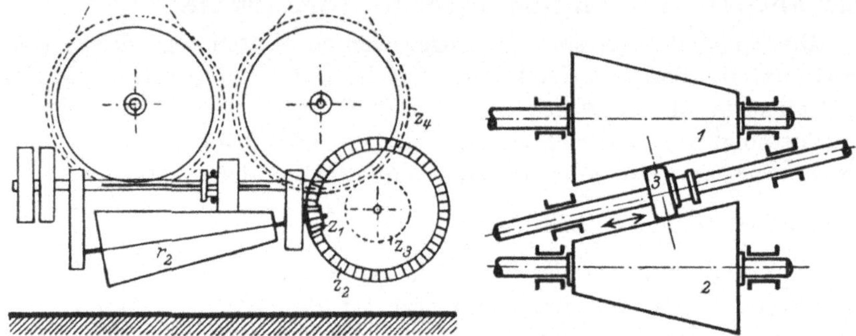

Abb. 18. Konisches und zylindrisches Reibungsrad.　　　Abb. 19. Konische Reibungsräder.

ist am Anfang die Hülse, auf welche der Faden gewunden wird, noch leer, und der durchschnittliche Kötzerdurchmesser vergrößert sich bei jeder neuen Schicht, bis der zylindrische Teil gebildet wird.

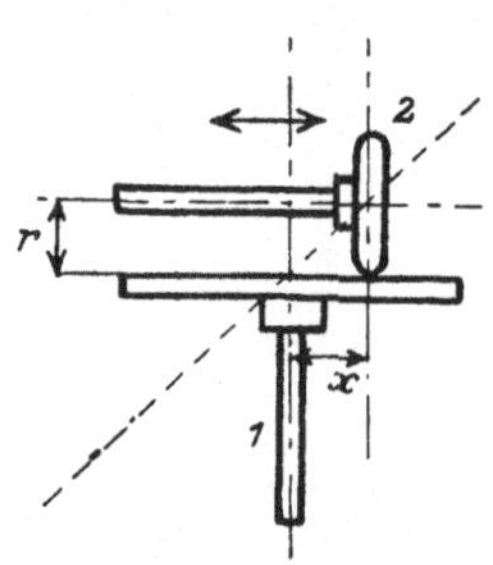

Abb. 20. Diskustrieb.

Das Ende der Kette muß also so lange gehoben werden, bis der Ansatz fertig wird.

Aus dem Vorhergehenden ist ersichtlich, auf welche Weise der Quadrantenmechanismus seinen doppelten Zweck erfüllt: die Änderung der Spindeltouren während einer Einfahrt und die Änderung derselben während der Bildung des Ansatzes.

Zur Änderung der Tourenzahl wendet man ferner Reibungsräder an, die in verschiedenen Ausführungen bekannt sind.

So zeigt Abb. 18 ein konisches Reibungsrad in Verbindung mit einem zylindrischen[1]), welch letzteres in horizontaler Richtung verschiebbar ist. Dasselbe ist im Prinzip mit dem in Abb. 7 dargestellten Getriebe mit Riemenscheiben identisch.

Abb. 19 zeigt zwei Kegelscheiben 1 und 2, zwischen denen ein zylindrisches Reibungsrad[1]) verschoben wird, wodurch sich das Übersetzungsverhältnis ändert.

Verwendet wird auch der sog. Diskustrieb[2]), der aus zwei Reibungsrädern besteht, die gegeneinander gepreßt werden und von denen

---

[1]) Kinzer: Technologie der Appretur S. 32.
[2]) Reuleaux: Der Konstrukteur S. 501.

das eine längs einer Welle verschoben wird, wodurch sich das Übersetzungsverhältnis in den feinsten Abstufungen abändern läßt.

In Abb. 20 dreht sich das eine Rad 1 um eine vertikale, das andere verschiebbare 2 um eine horizontale Welle.

Wenn 1 das treibende, 2 das getriebene Rad ist, dann ist dessen Tourenzahl:

$$n_1 = n\,\frac{x}{r}\,, \tag{33}$$

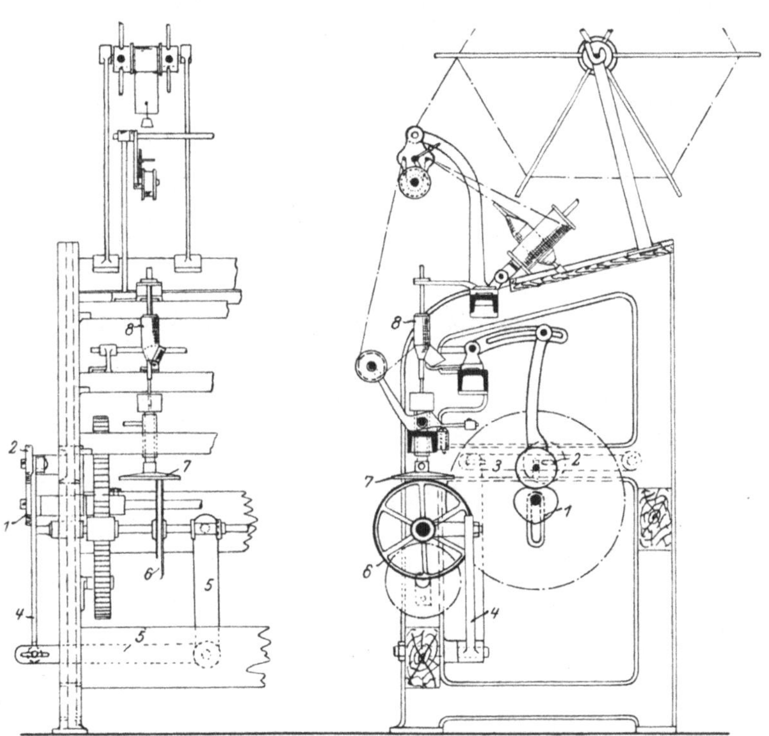

Abb. 21. Schußspulmaschine mit Reibungstrieb.

also der Entfernung x des Rades 2 von Welle 1 proportional; r bedeutet die konstante Entfernung der Welle von 2 von der Scheibe 1.

Wenn aber 1 das getriebene Rad ist mit n_1 Touren, dann ist

$$n_1 = n\,\frac{r}{x}\,, \tag{34}$$

d. h. die Tourenzahlen des getriebenen Rades ändern sich im umgekehrten Verhältnis der Entfernung x.

Wegen richtiger Übersetzung sollte das verschiebbare Rad möglichst schmal sein. Wenn aber die Räder derartig ausgeführt werden, dann ist

2*

der Flächendruck und die Abnutzung zwischen den kleinen Berührungsflächen sehr groß, sobald etwas größere Kräfte übertragen werden. Das Getriebe eignet sich also nur zur Übertragung kleinerer Kräfte.

Anwendung findet es bei Nähmaschinen, Kattundruck-, Trocken- und Schußspulmaschinen.

Eine Ausführung der letzteren zeigt Abb. 21[1]). Exzenter *1* bewegt durch Rolle *2*, Hebel *3*, Verbindungsstange *4* und Winkelhebel *5* das Diskusrad *6*. Letzteres treibt das darüber befindliche Reibungsrad *7*, und zwar, da es in horizontaler Richtung fortwährend verschoben wird, abwechselnd an einem größeren und kleineren Radius. Spule *8* wird dadurch abwechselnd in langsamere und raschere Drehung versetzt, und zwar in langsamere, wenn der Faden auf den dickeren Teil der Spule gewickelt wird, und in schnellere, wenn er auf den dünneren Teil zu liegen kommt.

Zur Änderung der Tourenzahl werden endlich auch die Zahntriebe in ausgiebigstem Maße verwendet. Wenn die Tourenzahl nur von Fall zu Fall verändert werden muß, dann wird bei mehrfachen Übersetzungen immer ein Rad, das sog. Wechselrad, in verschieden großen Abmessungen am Lager gehalten und nach Bedarf ausgetauscht.

Von den vielen einschlägigen Beispielen will ich zwei hervorheben.

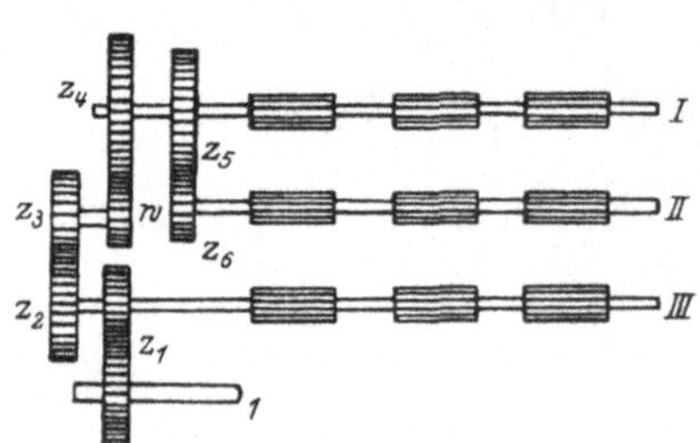

Abb. 22. Wechselrad bei Streckmaschinen.

Das erste bezieht sich auf Streckmaschinen für Baumwollgarne, bei denen 3 bis 4 Zylinderpaare auf folgende Weise angetrieben werden (Abb. 22): Hauptwelle *1* treibt mittels Zahnräder z_1 Welle *III*, mittels Zahnräder z_2, z_3, z_4 die hinterste Welle *I*, diese treibt mittels Zahnräder z_5, z_6 Welle *II*. Der Verzug des Baumwollbandes zwischen den Zylinderpaaren ist desto größer, je größer die Umfangsgeschwindigkeit der Zylinder *III* gegenüber derjenigen der Zylinder *I* ist.

Wenn wir die Durchmesser der Zylinder mit d_1, d_3, ihre Tourenzahl mit n_1, n_3 bezeichnen, so ist:

$$ n_1 = n_3 \frac{z_2}{z_3} \frac{w}{z_4}, \qquad (35) $$

und der Verzug ist gleich:

$$ \frac{n_3 d_3 \pi}{n_1 d_1 \pi} = \frac{n_3 d_3}{n_1 d_1} = \frac{n_3 d_3}{n_3 \dfrac{z_2}{z_3 z_4} w\, d_1} = \frac{d_3 z_3 z_4}{d_1 z_2 w} = \frac{C}{w}, \qquad (36) $$

wo $C = \dfrac{d_3 z_3 z_4}{d_1 z_2}$ ist.

____

[1]) Mikolaschek, Mechanische Weberei S. 114.

Der Verzug ist also dem Wechselrad w umgekehrt proportional und läßt sich durch Austauschen desselben leicht abändern.

Ein anderes Beispiel bietet der **positive Regulator des mechanischen Webstuhles** (Abb. 23). Bei demselben schwingt Klinke *2* mit Zapfen *1* hin und her und dreht Schaltrad *3* bei jeder Vorwärtsschwingung um einen oder mehrere Zähne.

Schaltrad *3* dreht mit Hilfe von Wechselrad w und Zahnräder z_1, z_2, z_3 den Riffelbaum *4*, welcher das fertige Zeug weiterbewegt. Je rascher sich der Riffelbaum dreht, desto weniger Schüsse kommen auf die Längeneinheit der Ware, desto dünner wird das Gewebe.

Wenn das Schaltrad k Zähne besitzt und bei jedem Schuß um einen Zahn gedreht wird, dann dreht es sich

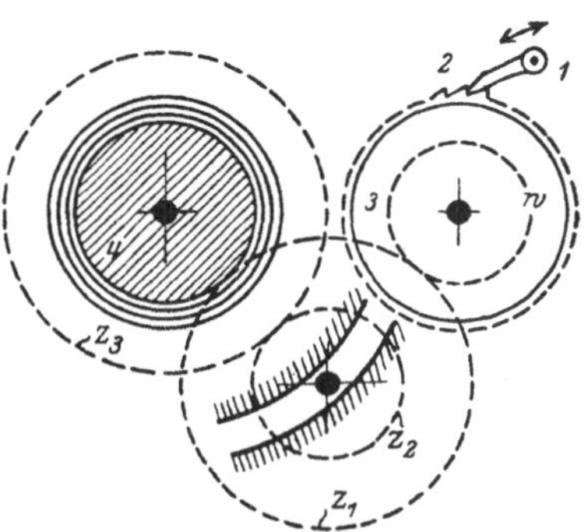

Abb. 23. Wechselrad beim Regulator des Webstuhles.

nach k Schüssen einmal herum. Zufolge der Übersetzung dreht sich Rad *4* nach $\dfrac{k z_1 z_3}{w z_2}$ Schüssen einmal herum und wickelt $d\pi$-Ware auf, wenn sein Durchmesser mit d bezeichnet wird.

Auf die Längeneinheit entfallen somit

$$\frac{k z_1 z_3}{w z_2 d \pi} = \frac{C}{w} \text{ Schüsse,} \quad (37)$$

wenn $\dfrac{k z_1 z_3}{z_2 d \pi}$ mit C bezeichnet wird.

Beim Austauschen des Wechselrades muß man darauf achten, daß die Zähne der benachbarten Räder in richtigem Eingriff bleiben.

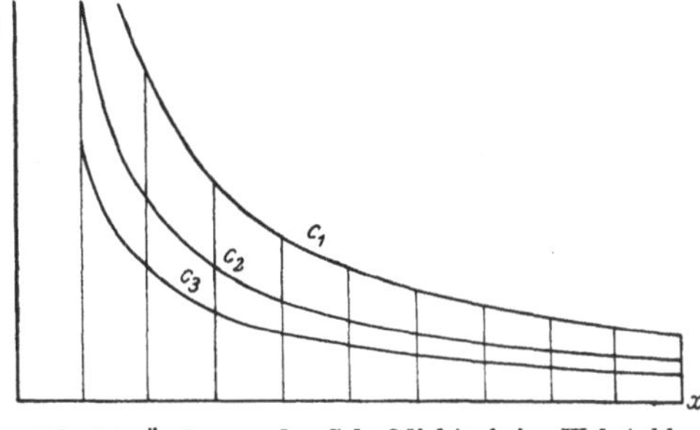

Abb. 24. Änderung der Schußdichte beim Webstuhl.

Der Zapfen der Zahnräder z_1, z_2 muß daher auf einem Bogen bewegt werden, dessen Mittelpunkt mit demjenigen des Riffelbaumes zusammenfällt.

Da die Satzräder in beschränktem Maße zur Verfügung stehen, kann man die Schußdichte nur sprungweise ändern; die Grenzen der möglichen Änderung sind desto weiter entfernt, je größer die Konstante, die sog. Schlüsselzahl des Schußwechsels ist. Wenn z. B. $C = 1200$ und $w = 20, 24, 30$ und 40 ist, so sind die möglichen Schußdichten:

$$\frac{1200}{20} = 60, \quad \frac{1200}{24} = 50, \quad \frac{1200}{30} = 40, \quad \frac{1200}{40} = 30.$$

Ist hingegen $C = 800$, so sind die Schußdichten der Reihe nach: 40, 33,8, 26,6, 20.

Die Schußdichte ändert sich in umgekehrtem Verhältnis zum Wechselrade, was wir graphisch mit einer gleichseitigen Hyperbel darstellen können. In Abb. 24 tragen wir auf der X-Achse die Zähne der Wechselräder, auf der Y-Achse die entsprechenden Schußdichten auf und verbinden die Punkte mit einer krummen Linie. Bei Änderung der Konstanten ändert sich die Lage der Hyperbeln, und für die verschiedenen Schlüsselzahlen erhalten wir eine Schar von Hyperbeln: c_1, c_2, c_3, welche die Änderung der Schußdichten charakterisieren.

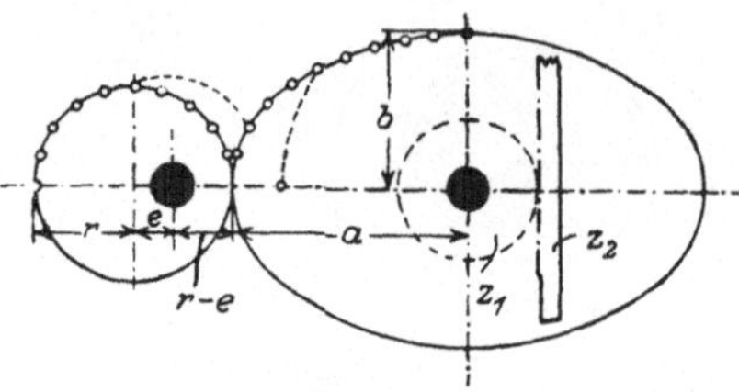

Abb. 25. Exzentrisches Kreisrad mit elliptischem Rade.

Zur Erzielung veränderlicher Winkelgeschwindigkeiten innerhalb einer Umdrehung werden exzentrische Stirnräder, elliptische oder anderweitig gestaltete unrunde Zahnräder angewendet.

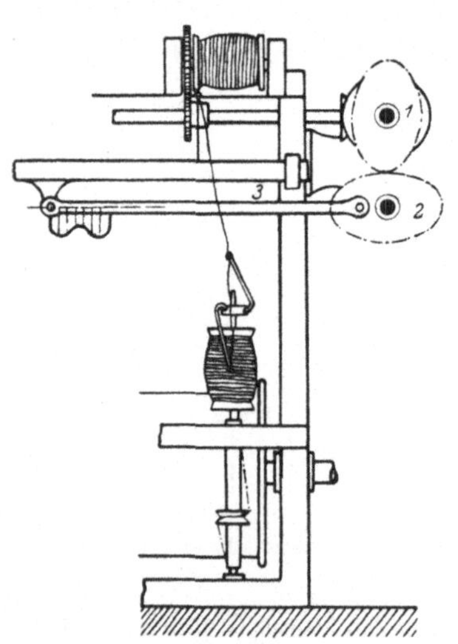

Abb. 26. Elliptische Räder bei Seidenwindmaschinen.

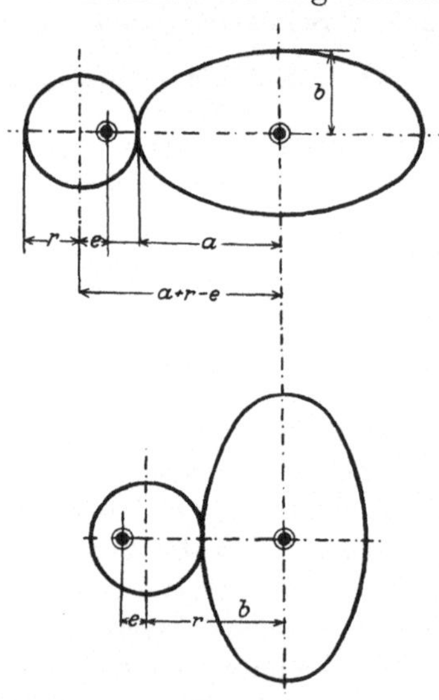

Abb. 27. Elliptisches und exzentrisches Kreisrad.

So verwendet Michel de Berger zum Antrieb der Schäfte des Webstuhles ein exzentrisch gelagertes Stirnrad im Eingriff mit einem elliptischen Zahnrade (Abb. 25), welches mittels Zahnrad z_1 und Zahnstange z_2 die Schäfte auf und ab bewegt.

Bei Seidenwindmaschinen (Abb. 26) stehen zwei elliptische Zahnräder 1 und 2 mit fortwährend wechselnden Radien in Eingriff, wodurch sich das Übersetzungsverhältnis stetig ändert, und der Fadenführer *3* in der Mitte der Spule langsamer, an beiden Enden rascher bewegt wird, die Spule daher eine bäuchige Gestalt erhält[1]).

Eine ähnliche Vorrichtung finden wir bei einer Doppelnadelstabstrecke für Kammgarn[2]). Wenn in ersterem Falle die Peripherie des elliptischen Rades doppelt so groß ist wie die des kreisförmigen [Abb. 27][3]), also

$$2\,r\,\pi = \tfrac{1}{2}\,(a+b)\,\pi\,, \tag{38}$$

oder $a + b = 4\,r$, wobei a und b die halben Hauptachsen der Ellipse, r den Radius des Kreises bedeutet, dann ist der Abstand der Achsen:

$$A = a + r - e \qquad \text{resp.} \qquad b + r + e\,. \tag{39}$$

Durch Verbindung der Gleichungen (39) ist

$$a + r - e = b + r + e\,, \tag{40}$$

oder

$$a - b = 2\,e\,, \tag{41}$$

außerdem war

$$a + b = 4\,r\,,$$

hieraus ergibt sich $a = 2\,r + e\,, \qquad b = 2\,r - e\,.$ (42)

Ist z. B. $r = \dfrac{A}{3}$, also $\tfrac{1}{3}$ der konstanten Entfernung der Achsen, so ist

$$a = \tfrac{2}{3}A + e\,, \qquad b = \tfrac{2}{3}A - e\,.$$

Das Übersetzungsverhältnis i ist durchschnittlich

$$\frac{2\,r\,\pi}{(a+b)\,\pi} = \tfrac{1}{2}\,,$$

und schwankt zwischen

$$i_{\max} = \frac{a}{r_0} = \frac{\tfrac{2}{3}A + e}{r - e}$$

und

$$i_{\min} = \frac{b}{r_1} = \frac{\tfrac{2}{3}A - e}{r + e}\,.$$

Das elliptische Rad kann eigentlich nur bei kleiner Exzentrizität als elliptisches Rad bezeichnet werden und besitzt in Wirklichkeit eine etwas abweichende Gestalt[4]).

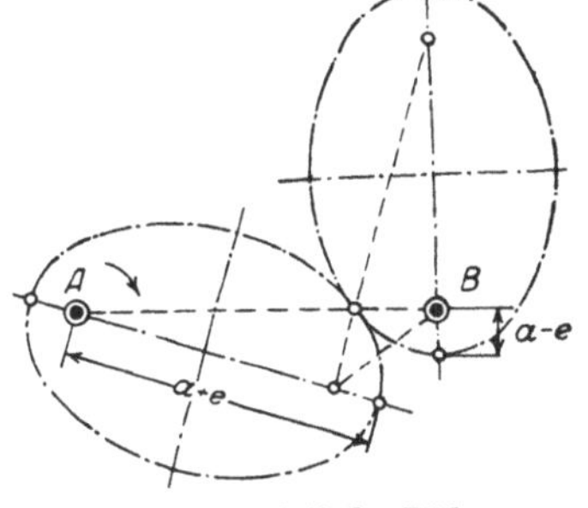

Abb. 28. Elliptische Räder.

Bei zwei elliptischen Rädern (Abb. 28) ist $r_{\max} = a + e$, $r_{\min} = a - e$, und das Übersetzungsverhältnis schwankt zwischen

$$i_{\max} = \frac{a + e}{a - e} \qquad \text{und} \qquad i_{\min} = \frac{a - e}{a + e}\,[5]).$$

---

[1]) Lindner: Spinnerei und Weberei S. 254.
[2]) Meyer und Zehetner: Kammgarnspinnerei S. 145.
[3]) Keller: Triebwerke S. 198.
[4]) Siehe Burmester: Kinematik S. 377.
[5]) Näheres über elliptische Räder siehe Burmester: Kinematik S. 370.

Die Kurven der sich berührenden Räder können auch eine von der elliptischen Form abweichende Form besitzen.

Weil sich die Radkurven auf der die Mittelpunkte verbindenden Zentrallinie berühren und im Berührungspunkte eine gemeinsame Tangente besitzen, die vor der Berührung eine verschiedene Richtung t_1, t_2

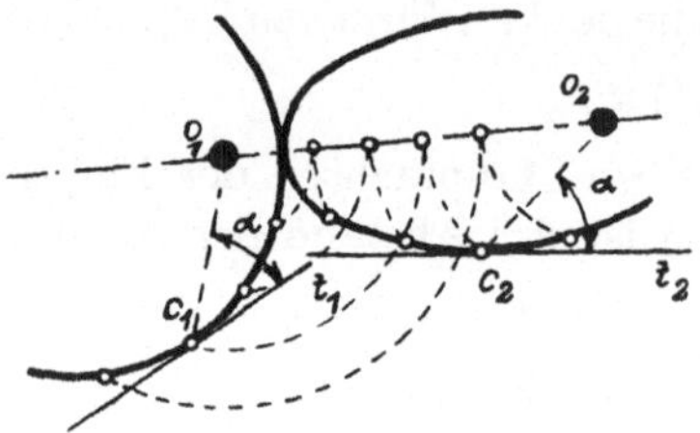

Abb. 29. Unrunde Räder.

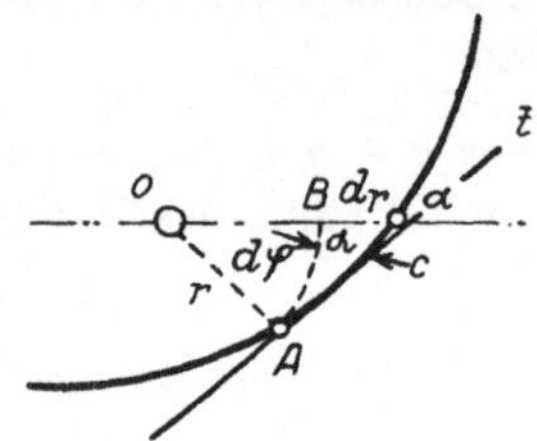

Abb. 30. Unrunde Räder.

aufweisen, so muß der Winkel dieser Tangenten mit den Fahrstrahlen gleich sein, d. h. es muß

$$\alpha = \measuredangle\, O_1\, c_1\, t_1 = \measuredangle\, O_2\, c_2\, t_2$$

sein (Abb. 29). Die Tangente dieses Winkels α läßt sich folgendermaßen ausdrücken: aus Dreieck ABC folgt (Abb. 30):

$$\operatorname{tg}\alpha = \frac{r\,d\varphi}{d\,r}\,. \tag{43}$$

Das Gesetz, nach welchem sich α ändert, bestimmt die Gestalt der Radkurve[1]). Ist z. B. α für alle Winkel der Kurve konstant, so ist die Kurve eine **logarithmische Spirale**.

Beliebige Punkte derselben lassen sich folgendermaßen berechnen.

Aus Gleichung (43) folgt:

$$\operatorname{tg}\alpha\,d\,r = r\,d\varphi\,.$$

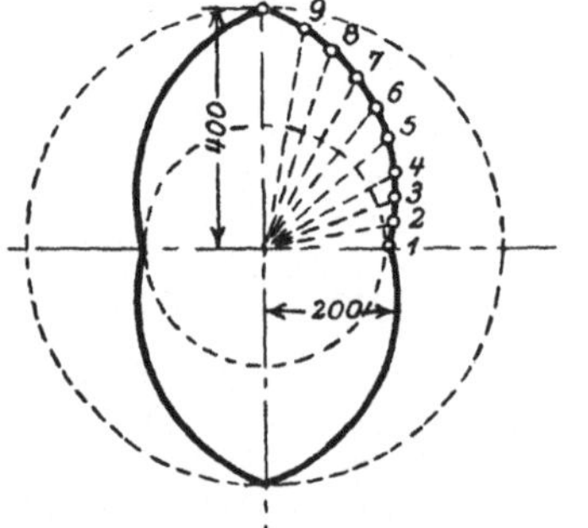

Abb. 31. Zweieckiges Rad.

Integrieren wir diese Gleichung zwischen den äußersten Werten r_1, r_0 und φ_1, 0 so ist

$$\operatorname{tg}\alpha\,(\log r_1 - \log r_0) = \varphi_1\,. \tag{44}$$

$$\log\left(\frac{r_1}{r_0}\right) = \frac{\varphi_1}{\operatorname{tg}\alpha}\,, \qquad \log(r_1) = \frac{\varphi_1}{\operatorname{tg}\alpha} + \log(r_0)\,. \tag{45}$$

Beispiel. Es ist das zweieckige, unrunde Rad nach Abb. 31 zu konstruieren, wenn $r_1 = 400$, $r_0 = 200$ mm, $\operatorname{tg}\alpha = 2{,}27$ ist. Der Winkel φ,

---

[1]) **Keller:** Triebwerke S. 195ff.

um welchen sich die Achse drehen soll, während der Fahrstrahl von 200 mm auf 400 mm anwächst, beträgt 90°, in Winkelmaß $\dfrac{2\pi}{4}$.

Wir teilen diesen Winkel in eine beliebige Zahl gleicher Teile, z. B. 10 Teile, und bestimmen für jeden Teilwinkel: $0,1\,\varphi_1$, $0,2\,\varphi_2$, ... den zugehörigen Fahrstrahl r_2 aus obiger Gleichung. Es ist dann für:

$$
\begin{array}{ll}
\varphi = 0\,, & r = 200 = r_0\,, \\
0,1\,\varphi_1 & 214,3 \\
0,2\,\varphi_1 & 229,2 \\
0,3\,\varphi_1 & 246,0 \\
0,4\,\varphi_1 & 263,5 \\
0,5\,\varphi_1 & 282,4 \\
0,6\,\varphi_1 & 302,6 \\
0,7\,\varphi_1 & 324,2 \\
0,8\,\varphi_1 & 347,4 \\
0,9\,\varphi_1 & 372,2 \\
1,0\,\varphi_1 & 400,0 = r_1\,.
\end{array}
$$

Das Übersetzungsverhältnis ändert sich zwischen

$$
i_{max} = \frac{400}{200} = 2 \quad \text{und} \quad i_{min} = \frac{200}{400} = 0,5\,.
$$

Ein dreieckiges unrundes Rad zeigt Abb. 32, wobei $r_1 = 400$, $r_0 = 200$ mm, $\operatorname{tg}\alpha = 1,51$ und der Winkel φ, um welchen sich die Achse drehen soll, während der Fahrstrahl von 200 mm auf 400 mm wächst, $^1/_6$ des Umfanges: $\dfrac{2\pi}{6}$ beträgt. Die Einteilung des Winkels und die Berechnung der Fahrstrahlen erfolgt in ähnlicher Weise wie früher und gibt Abb. 32 als Profil des Rades.

Verwendung finden derartige Räder bei Webstühlen zum Antriebe des Regulators bei periodisch wechselnden Schußdichten[1]).

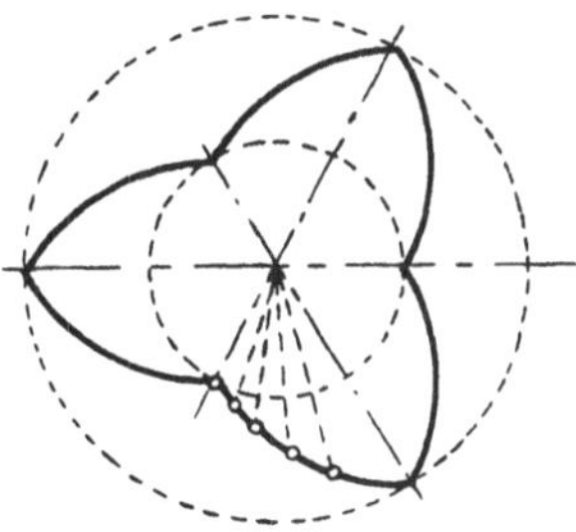

Abb. 32. Dreieckiges Rad.

3. Absetzende Drehung.

Bei einigen Textilmaschinen ist statt der fortlaufenden eine absetzende Drehung notwendig.

Zur Erzielung einer solchen Drehung ist das einfachste Mittel, die Zähne des Antriebrades stellenweise zu entfernen, wodurch das getriebene Rad abwechselnd in Drehung und in Stillstand versetzt wird.

Ein derartiges Getriebe mit Ruhepause — angewendet bei Papier-

---

[1]) Leipziger Monatschrift für Textilindustrie 1921, S. 229.

hülsenmaschinen — zeigt Abb. 33[1]). Das treibende Rad *1* enthält außer den unter 45° gerichteten Zähnen einen in der Richtung des Umfanges verlaufenden Bügel, der durch eine Zahnlücke des getriebenen Rades *2* streicht und dasselbe so lange festhält, bis der erste Schrägzahn die nächste Zahnlücke des Rades *2* erreicht. Der Umfang des ersten Rades ist um die Länge des Bügels größer als derjenige des zweiten Rades.

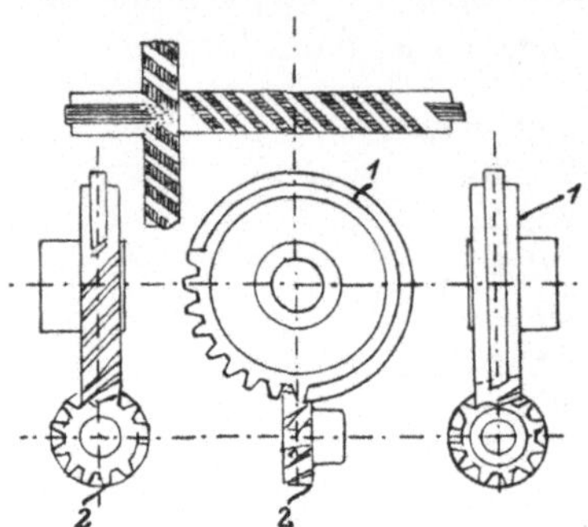

Abb. 33. Rad mit Ruhepause.

Ein ähnliches Prinzip wendet Knowles bei seiner Schaftmaschine an (Abb. 34). Die Zahnräder *1*, *2* sind nur auf der einen Hälfte ihres Umfanges mit Zähnen versehen, auf der anderen Hälfte aber glatt und rotieren beständig in entgegengesetzter Richtung. Ihre Entfernung ist etwas größer als der Durchmesser der zwischen ihnen befindlichen Räder *3*. Sobald die mittleren Zahnräder *3* durch einen eigenen Mechanismus in den Bereich der oberen oder unteren rotierenden Räder gelangen, werden sie von den Zähnen erfaßt und ent-

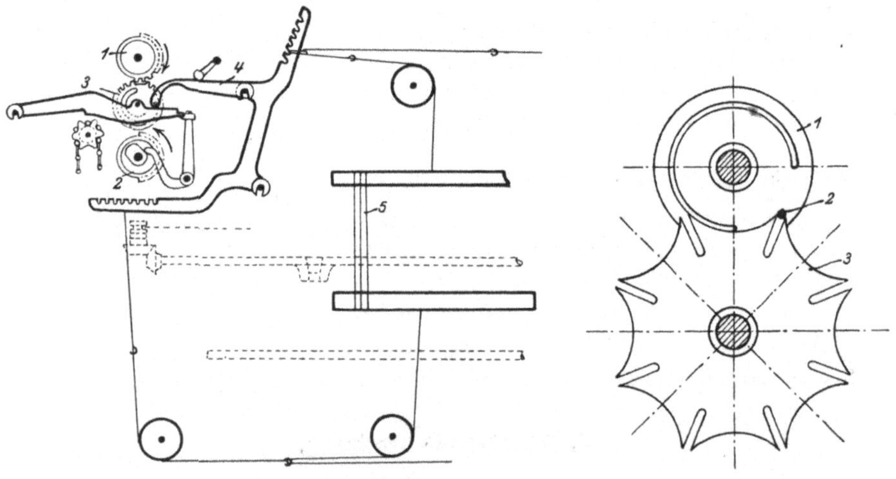

Abb. 34. Knowlessche Schaftmaschine.   Abb. 35. Malteserkreuz.

weder in der einen oder anderen Richtung um den halben Umfang gedreht. Durch Hebel *4* versetzen sie dann die Schäfte *5* in Bewegung.

Damit die Drehung im richtigen Moment aufhöre, befinden sich an zwei gegenüberliegenden Stellen der Zahnräder *1* und *2* kleinere Lücken.

------

[1]) Lindner: Spinnerei und Weberei S. 127.

Wenn wir das Prinzip des teilweise verzahnten Zahnrades weiter entwickeln, so gelangen wir schließlich zu einem Zahnrad mit einem einzigen Zahn, dem sog. Stiftrad, welches in Verbindung mit einem anderen Zahnrad dasselbe in absetzende Drehung versetzt.

Es ist das unter dem Namen Malteserkreuz bekannte Getriebe[1]) (Abb. 35), welches bei mechanischen Webstühlen zum Antrieb der Schäfte und der Steigkasten benutzt wird.

Stiftrad *1* besitzt einen hervorragenden Stift *2*, welcher in den Schlitz des Sternrades *3* eintritt, dasselbe während einer $^1/_4$ Umdrehung so lange dreht, bis Stift *2* aus dem Schlitz heraustritt. Es folgt Stillstand während

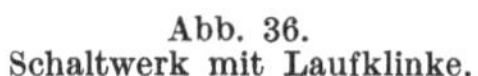

Abb. 36.
Schaltwerk mit Laufklinke.

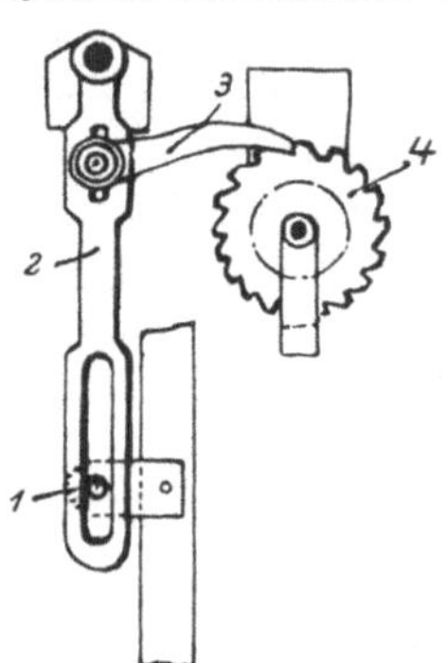

Abb. 37. Schaltwerk beim positiven Regulator.

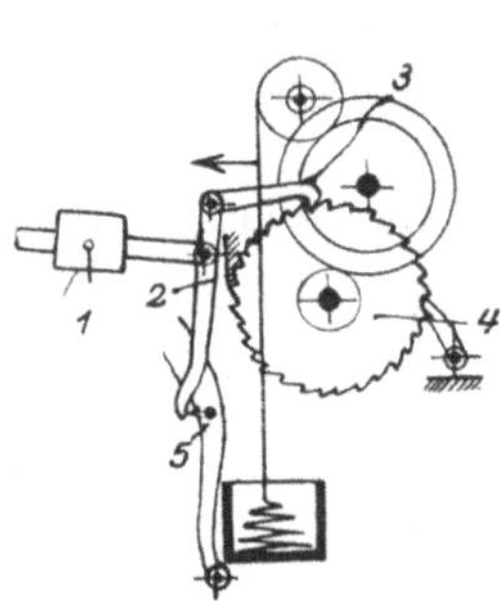

Abb. 38. Schaltwerk beim negativen Regulator.

$^1/_4$ Touren des Stiftrades und dann wieder Drehung während $^1/_4$ Umdrehung desselben.

Eine absetzende Drehung erreichen wir auch, wenn wir den Eingriff der Zahnräder periodisch aufheben, die Zahnräder also voneinander entfernen und dann wieder kämmen lassen. Da aber jeder neue Eingriff mit einem Stoße verbunden ist, wird dieses Mittel kaum angewendet. Als Beispiel wäre die Bewegung des Wagens bei der Heilmannschen Stickmaschine zu erwähnen.

Einfacher gestaltet sich die Anwendung einer Schaltklinke in Verbindung mit einem Schaltrade.

Das hierzu für gewöhnlich verwendete Getriebe ist ein Schaltwerk mit einer Laufklinke *1* (Abb. 36), die von einem Hebel hin und her bewegt wird und den Hingang auf ein Schaltrad überträgt, beim Rückgang auf den Zähnen desselben gleitet, wobei die Rückdrehung des Schaltrades durch eine feststehende Klinke *2* verhindert wird.

So bewegt z. B. beim positiven Regulator der Webstühle (Abb. 37) Zapfen *1* Hebel *2*, dieser Schaltklinke *3* und Schaltrad *4*, welches mit Zahnradübersetzung den Warenbaum ruckweise dreht.

---

[1]) Reuleaux: Konstrukteur S. 659.

Beim negativen Regulator (Abb. 38), wie er an Schafwollwebstühlen zu finden ist, sucht Gewicht *1* den dreiarmigen Hebel *2* beständig in der Richtung des Pfeiles zu bewegen und mit Hilfe von Klinke *3* Schaltrad *4* zu verdrehen. Dies ist aber nur dann möglich, wenn die Spannung des Gewebes und der Blattdruck größer sind als die rückhaltende Spannkraft der Kette.

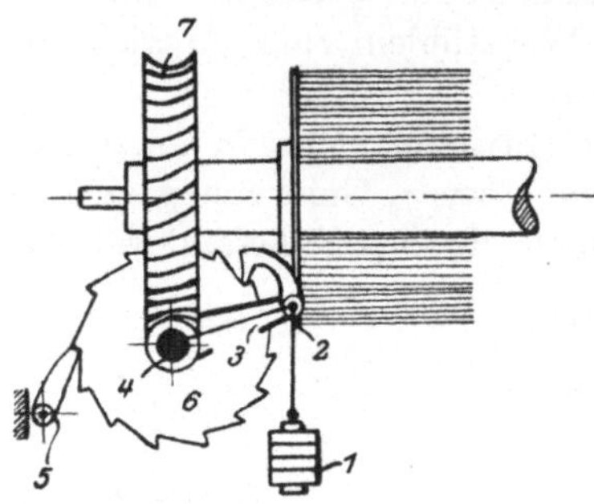

Abb. 39. Schaltwerk mit Schraubenrad.

Während also der frühere Regulator zwangläufig wirkt, herrscht bei dem negativen Kraftschluß.

Bei dem Regulator laut Abb. 39 sucht Gewicht *1* die Schaltklinke mit Hebel *3* um Welle *4* unmittelbar zu drehen, Klinke *5* verhindert die Rückwärtsbewegung, Schraube *6* und Wurmrad *7* leiten die Drehung des Schaltrades weiter.

Wenn die Schaltklinke immer den gleichen Hub vollführt, dann vollzieht sich die Drehbewegung in gleichmäßigen Intervallen mit gleichbleibender Schaltgröße.

Zur Änderung der Schaltgröße muß der Hub der Schaltklinke vergrößert oder verkleinert werden, was entweder durch radiales Verstellen der Schaltklinke oder durch tangentiale Hubvergrößerung derselben erreicht wird.

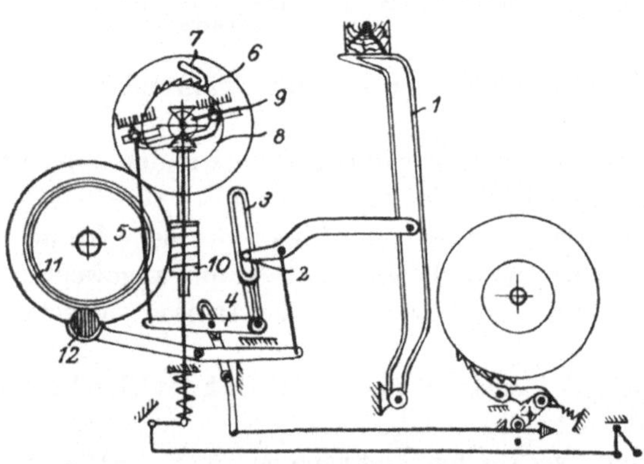

Abb. 40. Absetzende Drehung beim Kettenbaumregulator.

Eine absetzende Drehung mit zunehmender Schaltgröße zeigt Abb. 40, die dem positiven Kettenbaumregulator eines Webstuhles[1]) entspricht. Lade *1* versetzt durch Zapfen *2* Kulisse *3* in schwingende Bewegung, die sich durch Hebel *4* und Zugstange *5* auf Schaltscheibe *6* und von hier mittels Schaltklinken *7* auf Schaltrad *8* überträgt, das durch Kegelrad *9* und Schneckenrad *10* den Kettenbaum *11* in absetzende Drehung versetzt.

Bei abnehmendem Durchmesser des Kettenbaumes muß der Schaltwinkel ein größerer werden, damit das gelieferte Kettenstück konstant bleibe.

---

[1]) Reh: Mechanische Weberei S. 20.

Zu dem Behufe liegt an der Kette eine Fühlwalze *12* an, welche in die Höhe steigt und dadurch den Zapfen *2* in der Kulisse *3* nach abwärts zieht, was eine größere Schwingung desselben, mithin eine größere Schaltung zur Folge hat.

Ein ähnliches Getriebe mit abnehmender Schaltgröße für den Kompensationsregulator eines Seidenwebstuhles zeigt Abb. 41. Stange *1* versetzt Kulisse *2* in gleichbleibende schwingende Bewegung. Letztere sitzt lose auf Welle *3* und ist mit Sperrad *4* fest verbunden, welches somit an den Schwingungen teilnimmt. Beim Schwingen in einer Richtung nimmt Sperrad *4* die an Schaltscheibe *5* sitzenden Klinken *6* ruckweise mit, welch letzteren auch die Schalt-

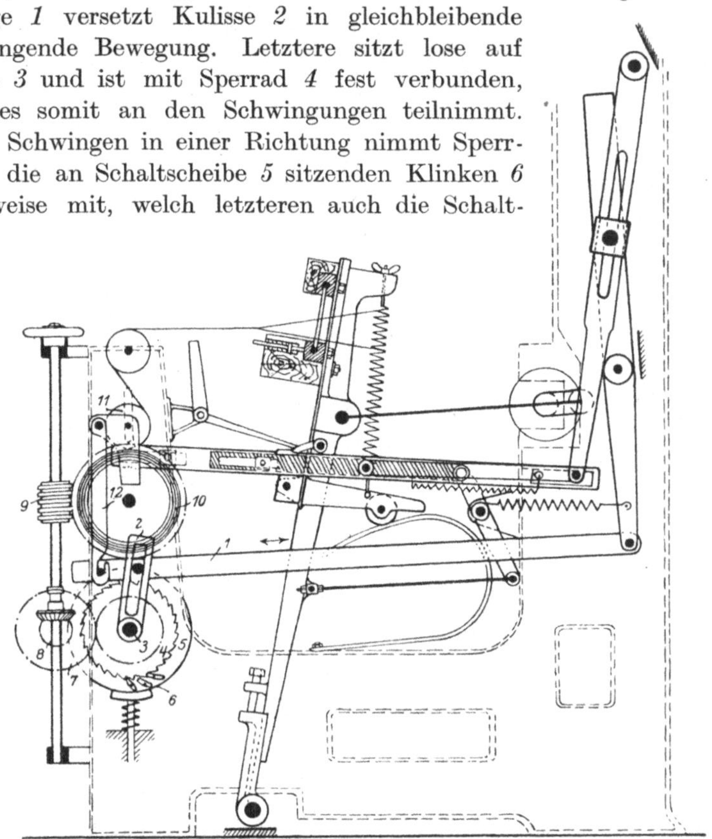

Abb. 41. Absetzende Drehung beim Kompensationsregulator.

scheibe mitnehmen. Stirnräder *7*, Kegelräder *8* und Wurmrad *9* übertragen die Bewegung auf Warenbaum *10*, der somit ruckweise gedreht wird.

Je dicker der Warenbaum wird, desto mehr hebt sich Fühlwalze *11*, die durch Stange *12* den Stein der Kulisse hebt, so daß eine kleinere Winkelschwingung, also kleinere Schaltung erreicht wird.

Bei beiden Getrieben wird somit die Schwingung der Schaltklinke verändert.

Wenn ein Schaltrad abwechselnd mit zwei Klinken in Eingriff gelangt, die es in entgegengesetzter Richtung drehen, dann entsteht eine **absetzende Drehung nach zwei Richtungen.**

So wird z. B. beim **Revolverwechsel** (Abb. 42) der mit Zapfen versehene Wechselkasten *1* entweder von Klinke *2* oder von Klinke *3* erfaßt und in der einen oder anderen Richtung um $^1/_6$ Umdrehung gedreht.

Die Klinken erhalten ihre Bewegung von Zugstangen *4*, zweiarmigen Hebeln *5*, Platinen *6* und Messern *7*. Das Anliegen der Platinen an die Messer besorgen Federn *8*.

Dasselbe geschieht bei dem **Kartenprisma *1* der Jacquardmaschine**

Abb. 42. Revolverwechsel.

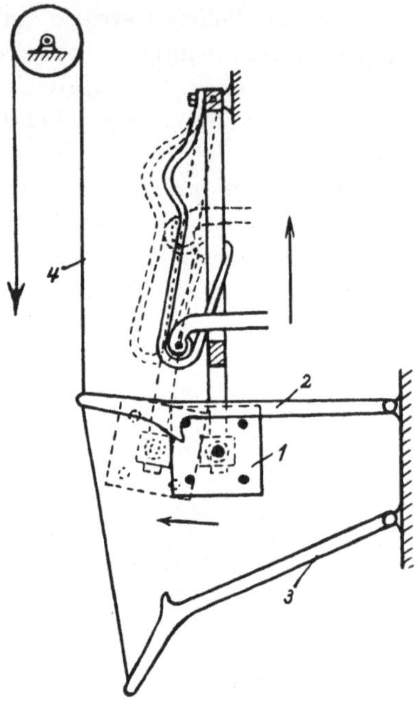

Abb. 43. Kartenprisma für Jacquardmaschine.

(Abb. 43) das durch die Wendhaken *2* und *3* in der einen oder anderen Richtung um $^1/_4$ Umdrehung gedreht wird. Zum Austauschen der Haken dient Schnur *4*, die entweder den oberen oder den unteren Haken einschaltet.

Der Unterschied zwischen diesem und dem früheren Getriebe besteht darin, daß beim Revolverwechsel die Klinken hin und her bewegt werden und dadurch den Kasten drehen, während beim Kartenprisma die Klinken an einem Orte bleiben und das Prisma hin und her geschwenkt und durch die Klinken gedreht wird.

Eine weitere Lösung der gestellten Aufgabe benutzt ein Zahnrad *1*, welches von zwei Zahnstangen *2 3* eingefaßt wird, deren Entfernung etwas größer als der Durchmesser des Zahnrades ist (Abb. 44).

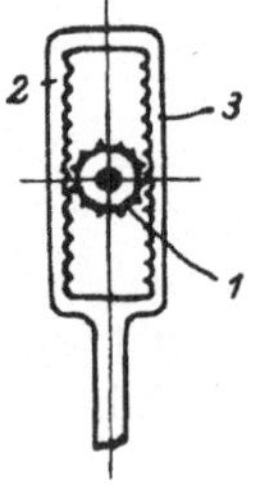

Abb. 44. Zahnrad mit Zahnstange.

Die Zahnstangen können separat bewegt werden oder zu einem viereckigen festen Rahmen vereinigt werden, der je nach Bedarf verschoben wird und das Zahnrad mit der einen oder anderen Zahnstange erfaßt und in der einen oder anderen Richtung dreht.

Während bei der oben beschriebenen Klinkenvorrichtung der Hub der Klinken unveränderlich ist, kann hier der Hub der Zahnstangen und die Drehung des Zahnrades verschieden groß gestaltet werden.

Es ist mitunter notwendig, die absetzende Drehung in kleineren Abständen zu vollführen, die Schaltbewegung gewissermaßen zu verfeinern. Zur Erreichung dieses Zweckes wendet man entweder ein Schaltrad mit feinerer Teilung an oder mehrere Schaltklinken nebeneinander, deren Länge um den Bruchteil einer Teilung verschieden ist und die daher die Schaltbewegung sukzessive veranlassen (Abb. 45), oder sog.

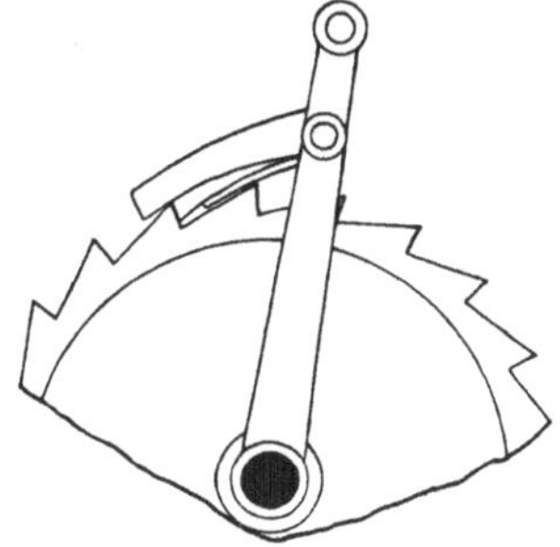

Abb. 45. Mehrere Schaltklinken.

laufende Teilgesperre[1]), wobei zwei oder mehrere Klinken um Bruchteile einer Teilung versetzt sind. Ändert die Drehung ihre Richtung fortwährend, dann entsteht eine Drehschwingung oder Pendelung, die uns zu den nächsten Getrieben der schwingenden Bewegung leitet.

II. Getriebe der fortschreitenden und schwingenden Bewegung.

Nach der Drehung ist in der Textiltechnik die wichtigste die fortschreitende Bewegung (Translation) und die schwingende (hin und her gehende) Bewegung.

Erstere spielt überall da eine Rolle, wo es sich um Zu- und Ableiten von Material zur und von der Arbeitsmaschine oder um Weiterleiten innerhalb derselben handelt.

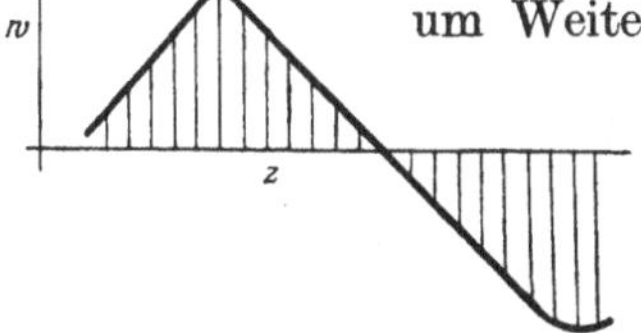

Abb. 46. Zeitwegdiagramm der schwingenden Bewegung.

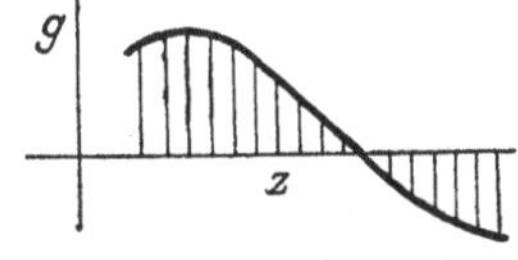

Abb. 47. Geschwindigkeitsdiagramm der schwingenden Bewegung.

Letztere findet bei periodisch wirkenden Maschinen Verwendung, wo einzelnen Teilen eine geradlinige oder eine in flachem Bogen verlaufende hin und her gehende Bewegung erteilt werden muß.

Wegen der Ähnlichkeit der Getriebe behandeln wir beide gleichzeitig.

---

[1]) Reuleaux: Kinematik I, S. 615. — Weisbach: Ingenieur u. Maschinenmechanik III, 1, S. 885.

Zur Charakterisierung dieser Bewegungen dient uns wieder das **Zeitwegdiagramm** WZ (Abb. 46), welches den zurückgelegten Weg s als Funktion der Zeit t darstellt, ferner das **Geschwindigkeitszeitdiagramm** GZ (Abb. 47), welches die Geschwindigkeit v als Funktion der Zeit darstellt. In einigen Fällen bedienen wir uns noch des **Geschwin-**

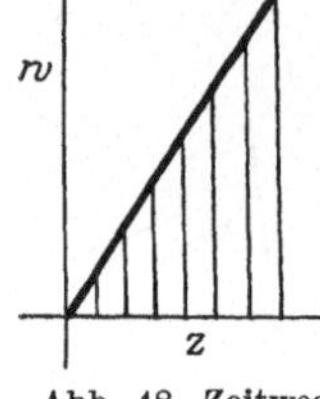

Abb. 48. Zeitwegdiagramm der schwingenden Bewegung.

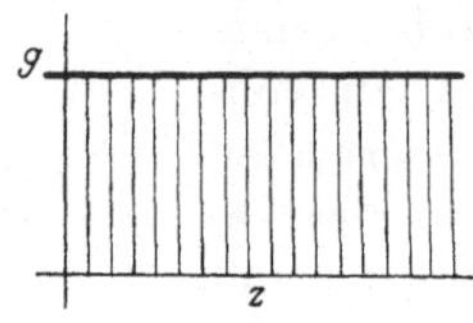

Abb. 49. Geschwindigkeitsdiagramm der schwingenden Bewegung.

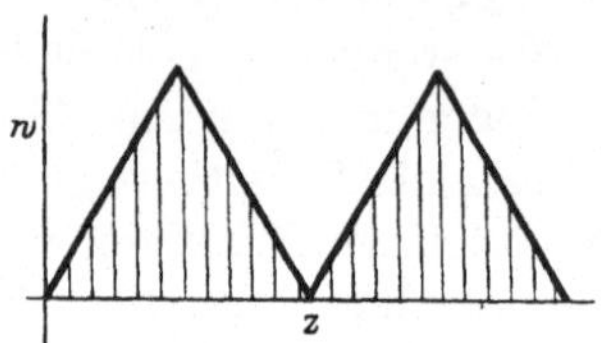

Abb. 50. Zeitwegdiagramm der schwingenden Bewegung.

digkeitwegdiagrammes GW, welches die Geschwindigkeit als Funktion des Weges und des **Beschleunigungszeitdiagrammes** BZ, welches die Beschleunigung als Funktion der Zeit darstellt.

Ist die Bewegung **gleichförmig** fortschreitend, dann ist das WZ-Diagramm eine geneigte, das GZ-Diagramm eine der X-Achse parallele Gerade (Abb. 48, 49).

Bei gleichförmiger hin und her gehender Bewegung (Abb. 50) besteht ersteres aus zwei entgegengesetzt geneigten Geraden, einer steigenden, die dem Hingang, einer fallenden, die dem Rückgang entspricht, letzteres aus zwei zur X-Achse parallelen Geraden (Abb. 51).

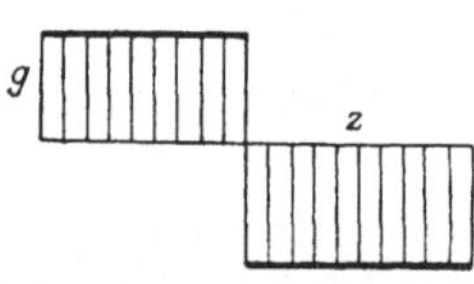

Abb. 51. Geschwindigkeitsdiagramm der schwingenden Bewegung.

Obwohl diese Art der Bewegung ideal denkbar ist, ist sie physikalisch unmöglich, da hin und her gehende Massen ihre Geschwindigkeit und Bewegungsrichtung momentan nicht ändern können.

Es muß immer eine, wenn auch kurze Zeit verstreichen, bis die Energie der Massen abgebremst und dieselben ihre Geschwindigkeit von einem maximalen positiven Werte sukzessive auf Null und dann wieder auf einen maximalen negativen Wert ändern können.

Das WZ- und GZ-Diagramm (Abb. 46 und 47) ist also in Wirklichkeit immer etwas abgerundet, und je sanfter der Übergang ist, desto mehr nähert sich die Bewegung der reinen Sinusbewegung, welche durch die Gleichungen $s = \sin t$, $v = \cos t$ ausgedrückt wird, desto geringer ist aber auch der Stillstand zwischen Hin- und Rückgang.

In manchen Fällen ist es aber wünschenswert, den Stillstand zu vergrößern oder eine von der Sinusbewegung abweichende Bewegung zugrunde zu legen, was durch verschiedenartige WZ- und GZ-Diagramme charakterisiert wird.

Es ist immer im Auge zu behalten, daß bei jedem Richtungswechsel im Getriebe Stöße und ein toter Gang entstehen, die auf den Betrieb ungünstig wirken und frühzeitigen Verschleiß, evtl. auch Brüche herbeiführen und deshalb durch entsprechende konstruktive Ausführungen zu verkleinern sind.

Oft benützt man statt des orthogonalen ein polares Diagramm, wie wir bei der Besprechung einiger Getriebe sehen werden.

1. Fortschreitende und schwingende (alternierende) Bewegung mit gleichmäßiger Geschwindigkeit.

Die einfachste fortschreitende Bewegung dieser Art entsteht durch Ab- und Aufwickeln eines gespannten biegsamen Fadens oder Gewebes auf zwei Zylinder (Abb. 52): die Drehung des Zylinders verwandelt sich in eine fortschreitende Bewegung.

Mannigfache Anwendungen finden sich bei den Speisevorrichtungen der Spinn-, Web- und Appreturmaschinen, z. B. bei Lattentüchern zur Fortbewegung des Speisegutes, ferner bei Spinnmaschinen, wobei der Faden von einer Spule ab- und auf eine andere aufgewickelt wird, zur Weiterleitung der Gewebe bei Appreturmaschinen usw.

Abb. 52. Fortschreitende Bewegung mit Zylinder.

Hierher gehört auch der Wägenauszug beim Selfaktor mit Hilfe eines Seiles (Abb. 53), welches von einem Zylinder ab-, auf einen zweiten aufläuft und an dem Wagen befestigt ist, den es mitnimmt.

Soll die Bewegung mit gleichmäßiger Geschwindigkeit stattfinden, so ist zu beachten, daß sowohl die Tourenzahl wie der Umfang der rotierenden Zylinder gleich bleiben muß.

Werden aber Garne oder Gewebe

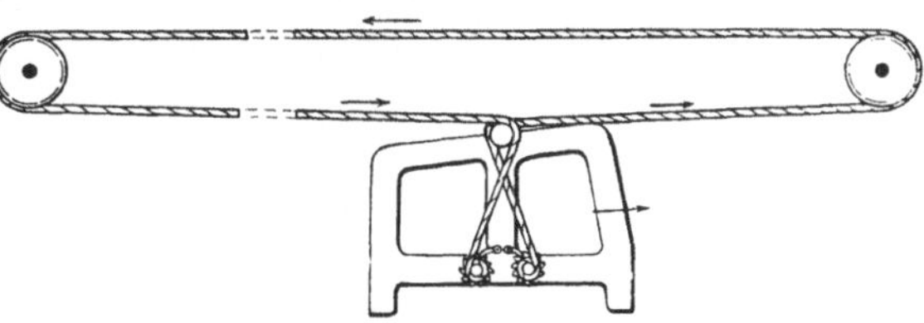

Abb. 53. Wagenauszug beim Selfaktor.

von dem einen Zylinder ab-, auf den andern aufgewickelt, so wird der erstere dünner, der zweite dicker, und bei gleicher Tourenzahl n würde die Umfangsgeschwindigkeit v des ersteren sinken, die des letzteren steigen, wie aus der Formel $v = d\pi n$ unmittelbar folgt, wo d den veränderlichen Durchmesser bedeutet.

Soll v konstant bleiben, so muß sich n im umgekehrten Verhältnis von d ändern. Man wendet in diesem Falle ein Getriebe mit veränderlicher Rotation an, wie es für den Flyer auf S. 10, für den Webstuhl auf S. 23, beschrieben ist.

Prinzipiell nicht verschieden von dem Getriebe mit zwei Zylindern zum Ab- und Aufwickeln ist ein Getriebe mit zwei sich berührenden rotierenden Zylindern *1* und *2*, zwischen denen das Textilgut läuft und durch die rotierende Bewegung in fortschreitende Bewegung versetzt wird (Abb. 54).

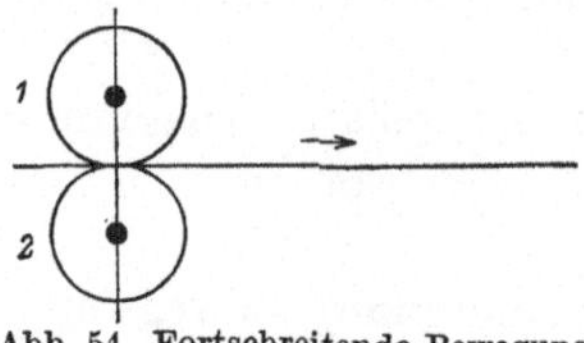
Abb. 54. Fortschreitende Bewegung mit zwei Zylindern.

Dasselbe findet z. B. bei der Fortleitung von Bändern, Vorgespinsten, Garnen, Geweben die ausgiebigste Verwendung.

Um die einfach fortschreitende Bewegung in eine alternierende zu verwandeln, genügt es, dem Zylinder, der die Bewegung veranlaßt, eine alternierende Drehung zu erteilen.

Dies sehen wir bei dem Getriebe zum Antrieb eines Mangel-Wagens (Abb. 55), dessen Enden mit je einem Seile oder einer Kette *1, 1* an die Trommel *2* in der Mitte befestigt sind, die durch Kegelrad *3* und

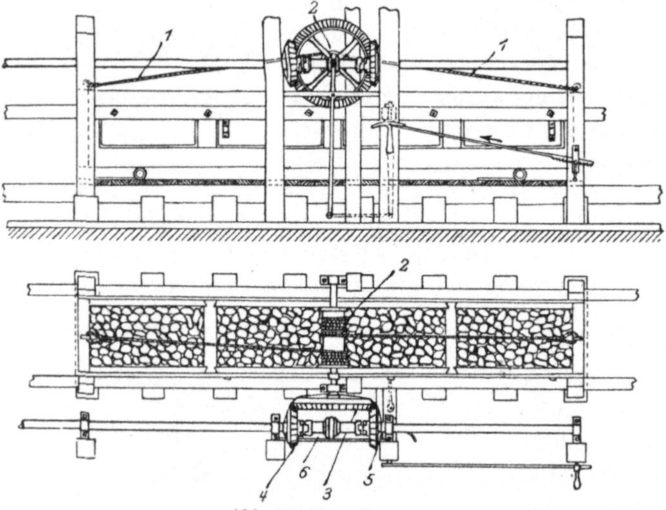
Abb. 55. Mangelwagen.

die kämmenden Räder *4, 5* abwechselnd in der einen und anderen Richtung gedreht wird und das eine Seil auf-, das andere abwickelt. Die Kegelräder *4, 5* sitzen lose auf der Welle, werden aber durch eine verschiebbare feste Hülse *6* abwechselnd in feste Verbindung mit ihr gebracht.

Beim Lyallschen Webstuhl (Abb. 56) soll der Webschütze *1*, der hier die Form eines kleinen Wagens besitzt, von dem Seil *2* abwechselnd in der einen und anderen Richtung gezogen werden. Das Seil *2* ist zu dem Behufe um Rollen *3, 4* geführt und dann um Rolle *6* geschlungen, die mit einem Zahnrad *5* fest verbunden auf dem Zahnbogen *7* hin und her schwingt und dadurch in alternative Drehbewegung gelangt, die es auf das Seil überträgt.

Ähnlich ist die Schneidevorrichtung bei Samtstühlen (Abb. 57), die aus dem Messer *1* besteht, welches von der Schnur *2* hin und her gezogen wird. Letztere ist um die Rollen *3, 4, 5* geführt, von welchen Rolle *4* durch ein Zahnrad *6* und einen schwingenden Zahnbogen *7* in alternative Drehung versetzt wird.

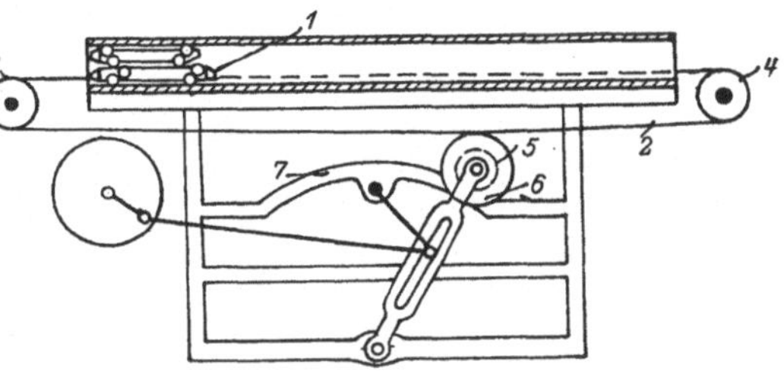

Abb. 56. Lyalls Webstuhl.

Statt Seilen oder Schnüren wendet man bei dieser Art von Bewegung, wenn es auf Genauigkeit ankommt, **Zahnräder** und **Zahnstangen** an; durch einfaches Drehen der Zahnräder bewegen sich die Zahnstangen in gerader Richtung, bei alternierender Drehung in alternierender Weise.

So wird z. B. bei **Flyerbänken der Spulenwagen** auf diese Art auf und abwärts bewegt (Abb. 58)[1]. Zahnrad *1* dreht sich abwechselnd nach rechts und links und bewegt Zahnstange *2* und den damit verbundenen Wagen *3* auf und ab.

Bei **Broschierladen** (Abb. 59) wird der Schütze *1* mit Hilfe der Zahnstange *2* und Zahnräder *3* hin und her bewegt. Letztere erhalten

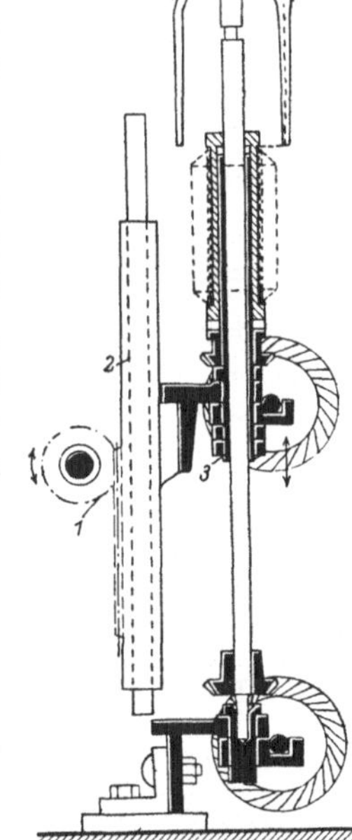

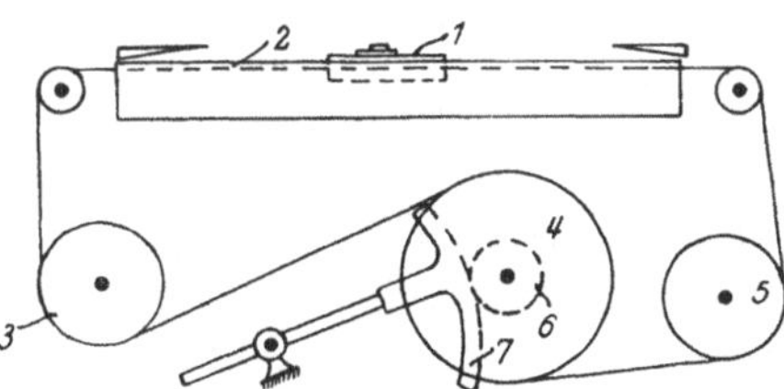

Abb. 57. Schneidvorrichtung für Sammetstühle.

Abb. 58. Zahnrad mit Stange bei Flyer.

ihre Drehbewegungen von einer zweiten Zahnstange *4*, die mit der Hand hin und her bewegt wird.

---

[1] Müller: Handbuch der Spinnerei S. 132.

Eine ähnliche Vorrichtung zwingt die Schützen des Bobbinetstuhles (Abb. 60) zu alternativer Bewegung, die hier in einem flachen Kreisbogen erfolgt, mit Hilfe eines Zahnsegmentes und einer Zahnstange.

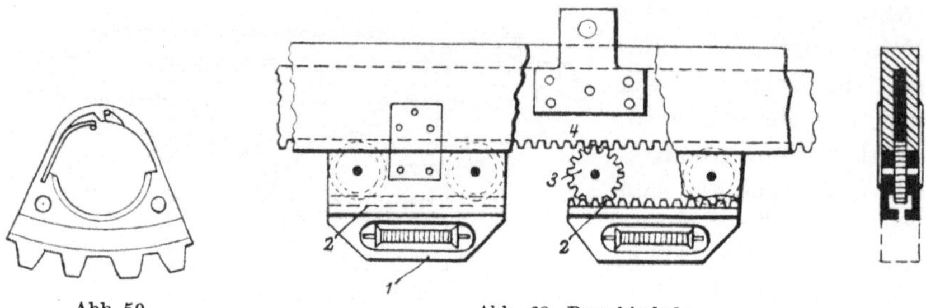

Abb. 59.
Bobbinetstuhlschützen.

Abb. 60. Broschierlade.

Hierher gehört auch das Getriebe aus zwei Zahnstangen mit einem dazwischen befindlichen Zahnrade (Abb. 61), eine kinematische Umdrehung des früher auf S. 24 beschriebenen Getriebes.

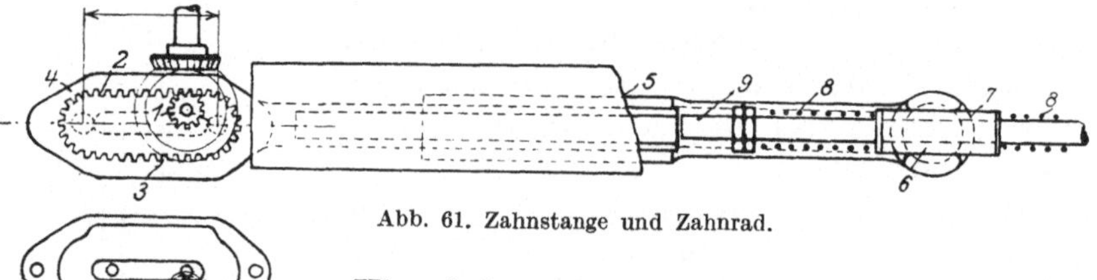

Abb. 61. Zahnstange und Zahnrad.

Hier dreht sich Zahnrad *1* immer in derselben Richtung und kämmt bald mit der oberen, bald mit der unteren Zahnstange *2, 3*; die beiden Zahnstangen bilden einen gemeinsamen Rahmen *4*, welcher mit dem Verbindungshebel *5* verbunden und um Zapfen *6* drehbar ist und dadurch den abwechselnden Eingriff der Zahnstangen ermöglicht.

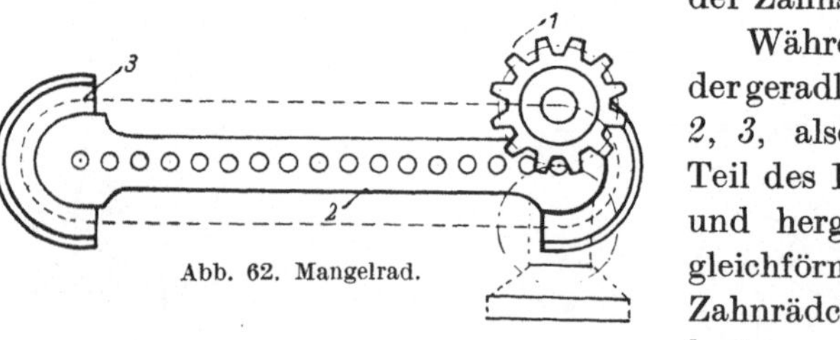

Abb. 62. Mangelrad.

Während des Abwickelns der geradlinigen Zahnstangen *2, 3*, also für den größten Teil des Hubes, ist die hin- und hergehende Bewegung gleichförmig. Wenn aber das Zahnrädchen *1* in den Halbkreis, welcher die geraden Zahnstangen verbindet, eintritt, wird die Bewegung ungleichmäßig verzögert, dann wieder beschleunigt.

Um den Stoß, welcher beim Hubwechsel zufolge der Richtungsänderung auftritt, elastisch zu gestalten, wird Hebel *5* lose auf Stange *9* zwischen zwei kräftige Federn *7, 8* geklemmt, deren Spannung mit einer Doppelmutter reguliert werden kann.

Verwendet wird das Getriebe bei Streckwerken für Kammgarne zur Hin- und Herbewegung der Spulen[1]).

Dasselbe Getriebe in etwas abgeänderter Gestalt zeigt Abb. 62, wie es bei Mangeln verwendet wird. Zahnrad *1* dreht sich immer in einer Richtung und gelangt mit der oberen und unteren Seite der Zahnstange *2* in Eingriff. Beim Wechseln von der einen Seite zur anderen wird es in dem halbkreisförmigen Kanal *3* geführt.

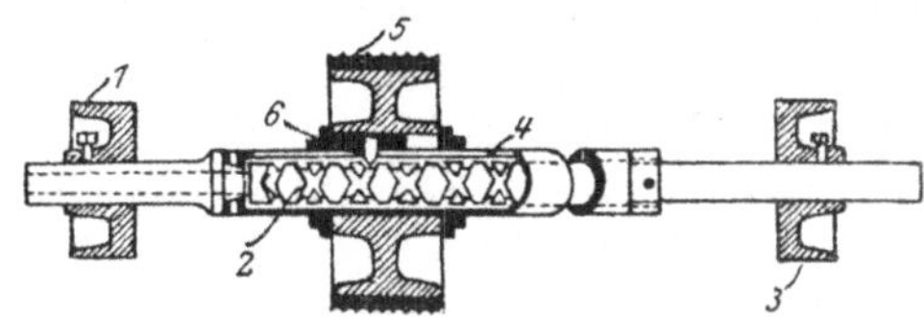

Abb. 63 Schleifscheibe für Karden.

Bei langsameren Bewegungen benutzt man das Schraubengetriebe, bestehend aus Schraube und Schraubenmutter, wovon der eine Teil eine drehende, der andere eine gleichmäßig fortschreitende Bewegung macht.

Hierher gehört die Schleifscheibe von Horsfall[2]) für Karden (Abb. 63). Die Riemenscheibe *3* dreht die Schleifachse *2* mit n_s Touren; Riemenscheibe *1* die Hülse *4* und zwar mit größerer Tourenzahl n_k als die

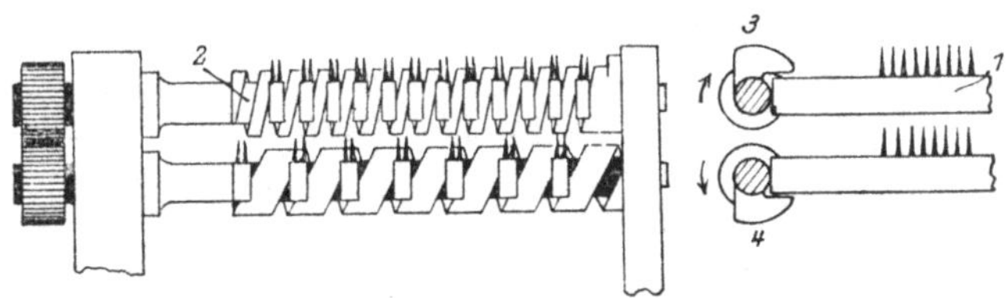

Abb. 64. Nadelstäbe für Streckwerke

Welle *2*. Die Hülse *4* sitzt lose auf der Schleifachse und ist mit der Schleifscheibe *5* versehen, die durch den Zapfen *6*, der in den länglichen Schlitz der Hülse greift, mit derselben Umdrehungszahl n_k mitgenommen wird.

Der Zapfen, den man als Teil einer Schraubenmutter betrachten kann, senkt sich aber auch in die Vertiefungen von zwei sich kreuzenden Schraubengewinden und wird durch die Relativdrehung der Hülse und Schleifachse: $n_k - n_s$ der Länge nach verschoben und zwar, weil die Gewinde an den Enden ineinander übergehen, hin und her. Wenn die Steigung eines Schraubenganges m beträgt, dann beträgt die Verschiebung bei $n_k - n_s$ Drehungen in der Minute $(n_k - n_s)\, m$.

Die Enden der Schraubengänge macht man etwas weniger geneigt, damit der Übergang allmählicher stattfindet.

Bei Streckmaschinen für Leinen, Hanf und Kammgarn wendet man Nadelstäbe *1* an (Abb. 64), die mit ihren beiden Enden in

---

[1]) Meyer und Zehetner: Kammgarnspinnerei S. 173. Berlin: Julius Springer 1923.

[2]) Haussner: Mechanische Technologie S. 91.

drehende Schraubengewinde *2, 3* greifen und, da sie selbst an der Drehung verhindert sind, eine fortschreitende Bewegung annehmen. Am Ende ihres Weges angelangt, werden sie durch Daumen *3* in die untere Reihe gedrückt, wo sie in entgegengesetzter Richtung wandern, da die Schraubengänge entgegengesetzt gedreht werden. Zuletzt werden sie durch entsprechende Daumen *4* wieder emporgehoben.

Bei dem Bandstuhle von Crook (Abb. 65) reicht der Webschützen *1* mit je zwei Zapfen in die Gewinde zweier Schrauben *2, 3*, welche abwechselnd in entgegengesetzter Richtung gedreht werden und den Schützen, der die Stelle einer Schraubenmutter vertritt, hin und her bewegen.

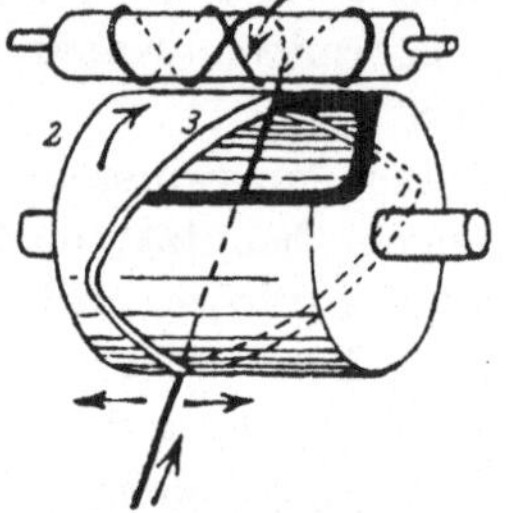

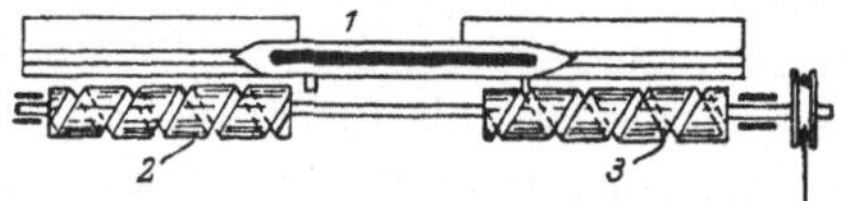

Abb. 65. Bandstuhl von Crook.

Abb. 66. Fadenführer der Kreuzspulmaschine.

Bei manchen Kreuzspulmaschinen (Abb. 66) liegt die Spule *1* auf der Trommel *2* auf und wird durch Reibung in Mitdrehung versetzt.

Der Faden wird durch den schraubenartigen Schlitz *3* der Trommel zur Spule *1* geführt, und zufolge des Schraubenganges in hin und her gehende Bewegung versetzt.

Wegen der auftretenden Reibung eignen sich Schraubengetriebe nur für kleinere Geschwindigkeiten.

2. Fortschreitende und schwingende Bewegung mit veränderlicher Geschwindigkeit.

Im allgemeinen eignen sich die bei der Drehung angeführten Getriebe, der Riemen- und Seiltrieb, der Reibungstrieb, der Zahnradtrieb,

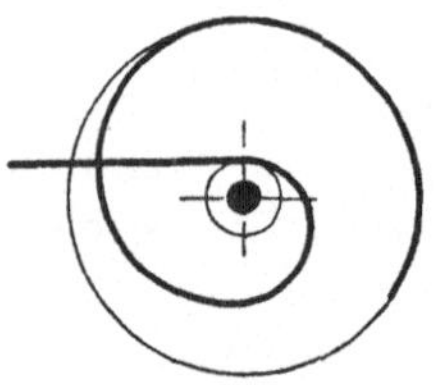

Abb. 67. Wageneinfahrt beim Selfaktor.

weniger für diese Art der Bewegung und werden dementsprechend seltener verwendet.

Die wechselnde Geschwindigkeit wird in diesem Falle durch entsprechende Änderung der Antriebsorgane erzielt: Während also bei Seilantrieb z. B. die Scheibe, auf die das Seil auf- und abgewickelt wird, für gewöhnlich überall gleichen Durchmesser besitzt, muß hier der Durchmesser je nach der gewünschten Bewegung geändert werden.

Ein derartiger Seiltrieb findet sich z. B. beim Selfaktor zum Einzug des Wagens. Ein Seil wird mit dem einen Ende an den Wagen befestigt, mit dem anderen auf eine Scheibe von veränderlichem Durchmesser geschlungen (Abb. 67).

Dreht sich die Scheibe mit konstanter Tourenzahl, dann ist die Geschwindigkeit des Seiles dem jeweiligen Radius der Kurve proportional, nach der die Scheibe geformt ist. Ist somit das Gesetz der Geschwindigkeitsänderung gegeben, so läßt sich die Kurve leicht konstruieren[1]).

Gewöhnlich soll sich der Wagen anfangs mit zu-, dann mit abnehmender Geschwindigkeit bewegen, dementsprechend wird das Seil auf einen zu- und später abnehmenden Durchmesser auflaufen. Durch diese Einrichtung sollen Stöße bei der rascheren Fahrt des Wagens vermieden

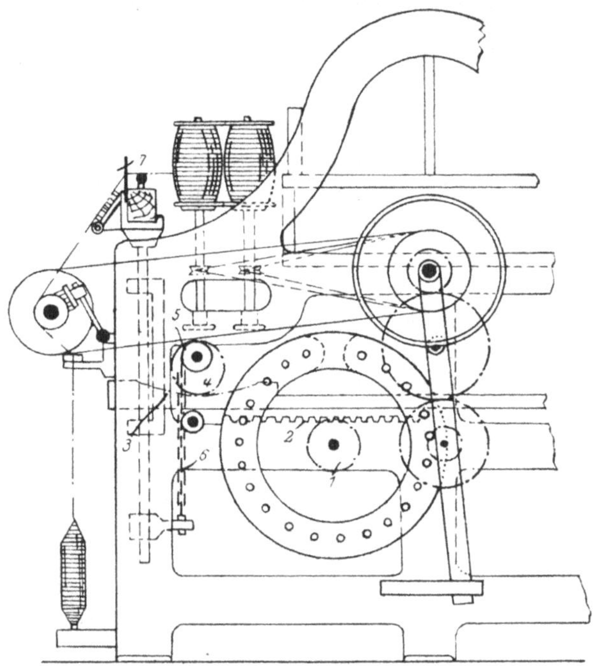

Abb. 68. Wagen für Spulmaschinen.

werden, die durch die beträchtliche Masse des Wagens hervorgerufen werden. Gewöhnlich sind zwei Seilstücke angeordnet, welche die Scheibe in entgegengesetzten Richtungen umschlingen. Bei der Drehung der Schnecke wickelt sich von dem einen Seil genau soviel auf, wie sich von dem andern abwickelt.

Bei Spulmaschinen[2]) finden wir folgende Vorrichtung zur Auf- und Abwärtsbewegung des Fadenführers (Abb. 68). Zahnrad 1 wird in alternative Drehung versetzt, die es der Zahnstange 2 mitteilt. Letztere dreht mittels Zahnbogen 3 die exzentrisch gelagerten Zahnräder 4 und

---

[1]) Wève: Cinématique S. 426. — Weisbach: Ingenieur u. Maschinenmechanik III, 1, S. 260.

[2]) Mikolaschek: Mech. Weberei I, S. 10.

die mit ihnen verbundenen Trommeln *5*, die durch Ketten *6* die Fadenführer *7* auf und ab bewegen.

Die Form der Zahnbogen *3* und die exzentrische Lagerung der Zahnräder *4* verursacht eine ungleichförmige Bewegung der Fadenführer, die in der Mitte des Weges langsamer, an den Enden rascher verläuft und dadurch eine bauchige Form der Spulen ermöglicht. Je nach der Form der Spulen läßt sich die Form des Zahnbogens bestimmen.

Abb. 69. Schraube mit veränderlicher Steigung.

Während die Schraube mit konstanter Neigung der Schraubenmutter eine gleichförmige Bewegung erteilt, wird eine Schraube mit zu oder abnehmender Steigung (Abb. 69), wie sie z. B. beim Leitgetriebe einiger Selfaktoren Verwendung findet, eine veränderliche Geschwindigkeit erzeugen.

Ein wichtiges Getriebe zur Erzeugung einer schwingenden Bewegung mit wechselnder Geschwindigkeit ist das Kurbelviereck (Abb. 70) und die daraus abgeleiteten Getriebe.

Dasselbe besteht aus vier Zylinderpaaren *1, 2, 3, 4*, die durch vier Stangen *a, b, c, d* verbunden sind, von denen eine festgehalten wird.

Die andern drei Stangen können nur solche Bewegungen ausführen, die durch die zwangsläufige Verbindung zulässig sind.

Gewöhnlich beschreibt der kürzere Arm *a* einen vollständigen Kreis, während der längere Arm *c* eine schwingende Bewegung vollführt und der Verbindungsarm *b* eine komplizierte Bahn beschreibt.

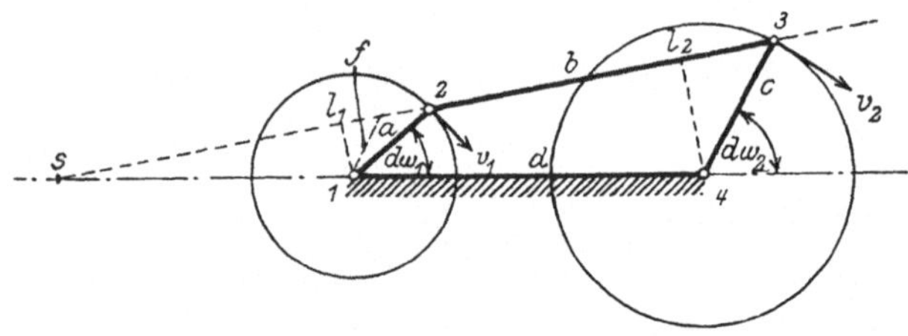

Abb. 70. Kurbelviereck.

Dies gelingt immer, wenn folgende Bedingungen erfüllt sind:

$$a + b + c > d \qquad \text{oder} \qquad a + d + c > b$$

und außerdem $a \leqq c$, wobei a, b, c, d die Länge der einzelnen Stangen bedeutet. Das Getriebe heißt in diesem Falle Schwingkurbel.

Zur Untersuchung der Geschwindigkeitsverhältnisse nehmen wir an, die Kurbel *a* drehe sich mit gleichförmiger Geschwindigkeit v_1 im Kreise herum (Abb. 70).

---

[1]) Siehe Reuleaux, Kinematik I, S. 282ff; II, S. 403ff.

Wenn die Radien $12 = a$ und $34 = c$ in der Zeit dt die Winkel $d\omega_1$ und $d\omega_2$ beschreiben, dann verhalten sich dieselben umgekehrt, wie die Vertikalen l_1 und l_2, die wir aus den Punkten 1 und 4 auf die Gerade $2, 3$ fällen, d. h.

$$d\omega_1 : d\omega_2 = l_2 : l_1$$

oder

$$l_1 d\omega_1 = l_2 d\omega_2 .$$

Dies folgt daraus, daß die Verschiebung der Stange $2, 3$ in ihrer eigenen Richtung in den Fußpunkten der Vertikalen gleich sein muß.

Die Umdrehungsgeschwindigkeit der Punkte 2 und 3 um die Mittelpunkte 1 und 4 ist:

$$v_1 = a\,d\omega_1 \quad \text{resp.} \quad v_2 = c\,d\omega_2, \quad \text{folglich} \quad \frac{v_2}{v_1} = \frac{c\,d\omega_2}{a\,d\omega_1} . \tag{46}$$

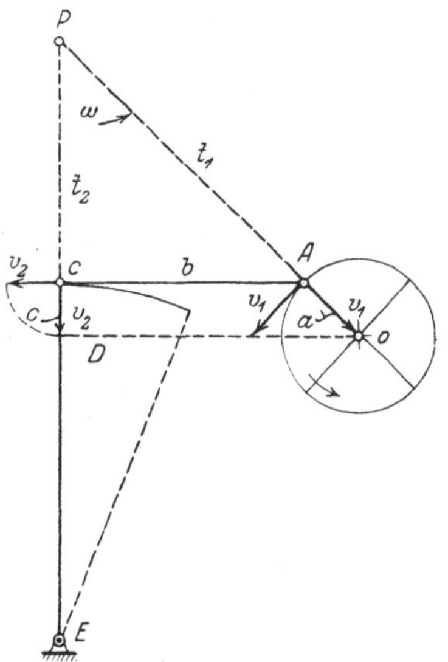

Abb. 71. Geschwindigkeiten des Kurbelvierecks.

Wenn wir nun vom Punkte 1 eine parallele Gerade zu c ziehen und ihre Länge bis zur Stange b mit f bezeichnen, dann folgt aus ähnlichen Dreiecken

$$\frac{l_1}{l_2} = \frac{f}{c} ,$$

also mit Gleichung (46):

$$\frac{v_2}{v_1} = \frac{c}{a} \frac{f}{c} = \frac{f}{a} . \tag{47}$$

Wenn wir die Geschwindigkeit der Kurbel a gleich der Kurbel nehmen, so daß der Kreis um 1 die gleichförmige Geschwindigkeit v_1 darstellt, ferner f in die Richtung von a umklappen, dann bezeichnet die Länge von f die jeweilige Geschwindigkeit der Kurbel c in der Richtung von a.

Auf kürzerem Wege erreichen wir dasselbe Ziel auf Grund folgender Überlegung (Abb. 71):

Der momentane Pol des Kurbelvierecks in der gezeichneten Lage ist durch den Schnittpunkt P der Verlängerungen der Stangen a und c gegeben. Das heißt, wir können die momentane Bewegung des Kurbelviereckes als Drehung um diesen Pol auffassen.

Die Geschwindigkeit der einzelnen Punkte ist der Entfernung vom momentanen Pol proportional, also die Geschwindigkeit der Punkte A und C ist gleich:

$$v_1 = t_1\omega , \qquad v_2 = t_2\omega ,$$

wenn t_1 und t_2 ihre Entfernungen von P, ω die momentane Winkelgeschwindigkeit um den Pol bedeutet.

Die Richtungen dieser Geschwindigkeiten stehen auf den betreffenden Strahlen senkrecht. Wenn wir dieselben in die Richtungen der Strahlen umklappen, dann sind die Entfernungen ihrer Endpunkte:

$$t_1 + t_1\omega = (1 + \omega)t_1$$

resp.

$$t_2 + t_2\omega = (1 + \omega)t_2,$$

oder

$$\frac{PO}{PD} = \frac{(1 + \omega)t_1}{(1 + \omega)t_2} = \frac{t_1}{t_2}. \tag{48}$$

Das bedeutet aber mit anderen Worten, daß die Verbindungslinie der Endpunkte dieser Geschwindigkeiten der Stange b parallel ist, denn wenn wir zwei von P ausgehende Strahlen mit zwei Geraden derartig schneiden, daß die Abschnitte proportional sind, dann sind die schneidenden Geraden parallel.

Da aber der Endpunkt vom umgeklappten v_1 in den Punkt O fallen muß, weil laut Voraussetzung $v_1 = a$ ist, so erhalten wir den Endpunkt von v_2 einfach dadurch, daß wir durch O mit der jeweiligen Richtung von b eine Parallele bis c ziehen.

Wenn wir entweder die eine oder die andere Konstruktion in mehreren Stellungen des Kurbelvierecks wiederholen, die Endpunkte von v_1 jedesmal auf den kürzeren Arm a auftragen und die einzelnen Punkte mit einer fortlaufenden krummen Linie verbinden, dann erhalten wir ein sog. polares Geschwindigkeitsdiagramm, das über die Geschwindigkeitsverhältnisse dieselben Auskünfte gibt wie ein orthogonales GZ-Diagramm (Abb. 72).

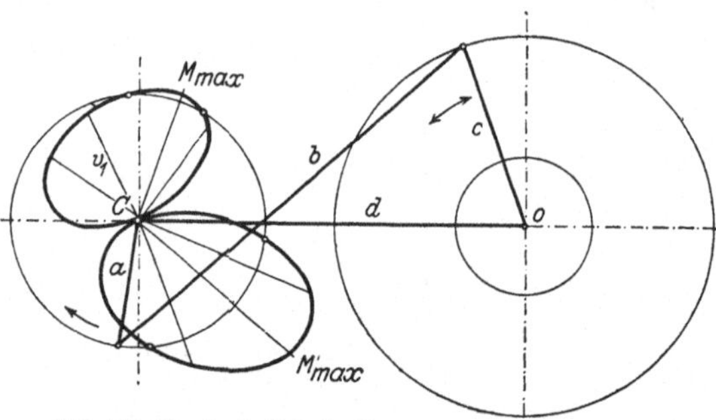

Abb. 72. Geschwindigkeitsdiagramm des Kurbelvierecks.

Die Kurve, die wir so erhalten, hat die Form einer unregelmäßigen Acht und zeigt, daß die Geschwindigkeit des Armes c in einer Richtung größer ist als in der andern. An zwei Punkten ist ein Maximalwert M_{max} und M'_{max}.

Ein Vorteil des Kurbelvierecks ist die leichte Herstellung desselben aus Stangen und Zapfen und die geringe Reibung, die es für schnellere Bewegungen geeignet macht.

Zu beachten sind jedoch die Stöße bei den Richtungsänderungen, die zufolge Druckwechsel der Kräfte auftreten und bei wenig sorgfältiger Ausführung zu rascherem Verschleiß führen.

Da es die reine Sinusbewegung nur annäherungsweise widergibt, eignet es sich nicht für alle schwingenden Bewegungen.

Von seinen mannigfaltigen Anwendungen in der Textiltechnik erwähnen wir die Kurbelwalke (Abb. 73), die Bewegung des Hackers bei einigen Krempelmaschinen (Abb. 74) und den Antrieb der Lade beim mechanischen Webstuhl.

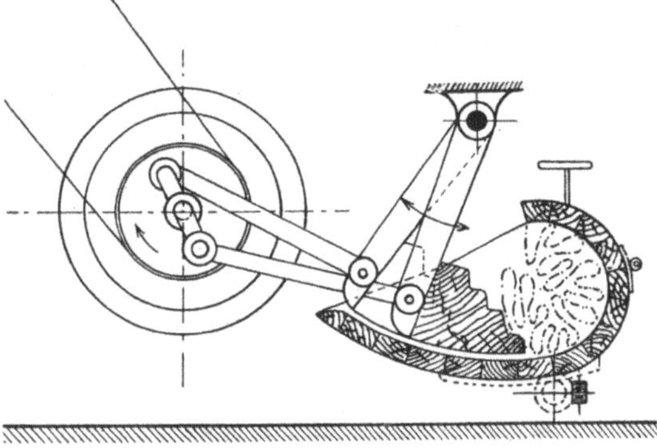

Abb. 73. Kurbelwalke.

Erstere ist aus der Abb. 73 ohne weiteres verständlich.

Beim Hackerantrieb wird der Kurbelarm durch Exzenter *1* vertreten, der mit Stange *2* den Arm *4* und eine Verlängerung *5* um Welle *3* in rasche Schwingungen versetzt.

Die Anordnung des gewöhnlichen Ladenantriebes der Webstühle zeigt Abb. 75. Die gekröpfte Welle *1* treibt mittels Pleuelstange *2* die Lade *3*, die um Welle *4* schwingt.

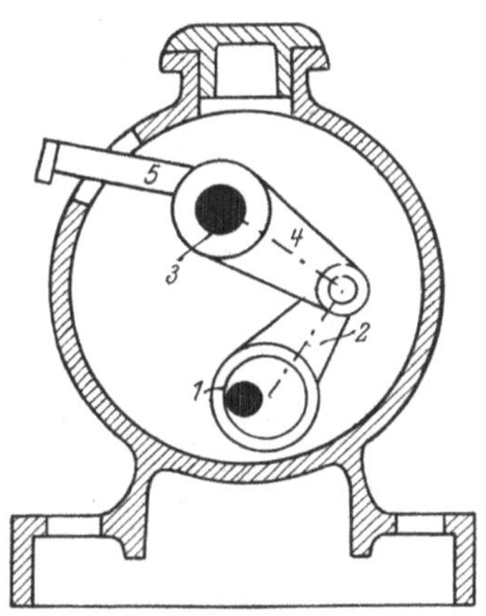

Abb. 74.
Antrieb des Hackers bei Karden.

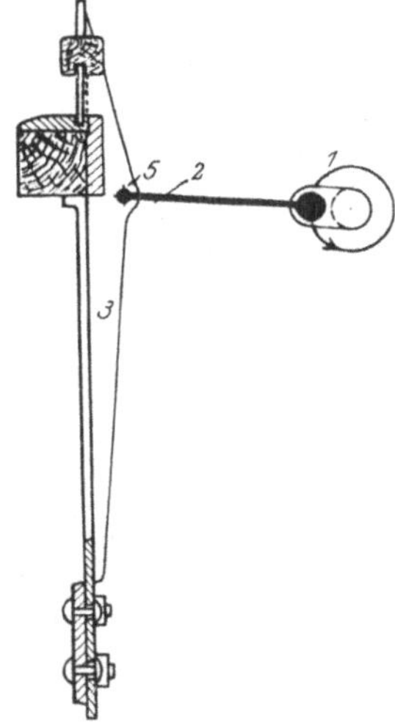

Abb. 75.
Ladenantrieb beim Webstuhl.

Die Geschwindigkeitsverhältnisse ergeben sich genau so, wie beim allgemeinen Kurbelviereck erläutert wurde.

Zur besseren Anschaulichkeit pflegt man auch das *WZ*-Diagramm zu konstruieren, das sich annäherungsweise auf folgende Weise bestimmen läßt (Abb. 76)[1]).

Wir teilen den Kurbelkreis in gleiche Teile und schneiden von den

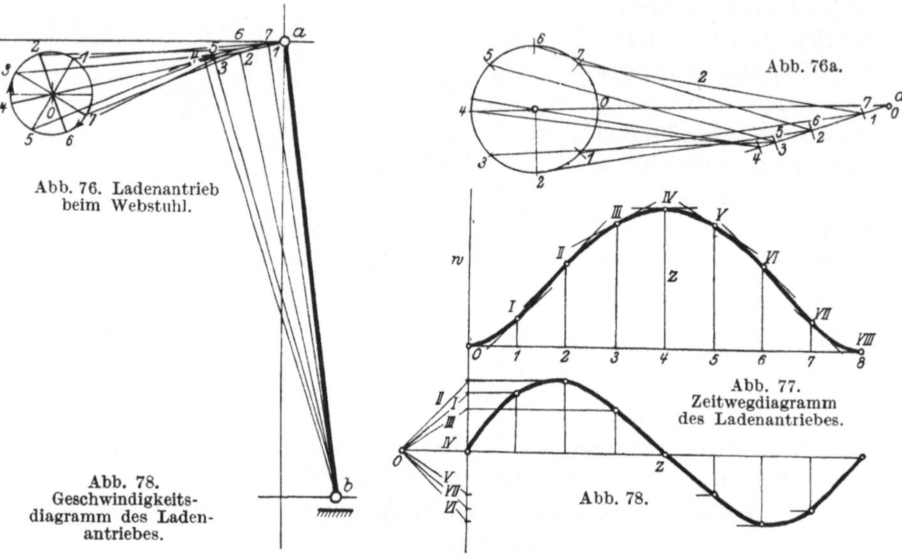

Abb. 76. Ladenantrieb beim Webstuhl.

Abb. 76a.

Abb. 77. Zeitwegdiagramm des Ladenantriebes.

Abb. 78. Geschwindigkeitsdiagramm des Ladenantriebes.

Abb. 78.

einzelnen Teilpunkten mit der Länge der Pleuelstange den vom Ladenzapfen a beschriebenen Kreisbogen. Dadurch erhalten wir die einzelnen Lagen der Lade und die vom Zapfen zurückgelegten Wege, die wir annähernd als Gerade betrachten können (Abb. 76a).

Wenn wir die vom Kurbelzapfen beschriebenen Kreisbogen, die wegen der gleichmäßigen Umdrehung der Zeit proportional sind, als Abszissen, die vom Ladenzapfen beschriebenen Wege von der Anfangsstellung a der Lade

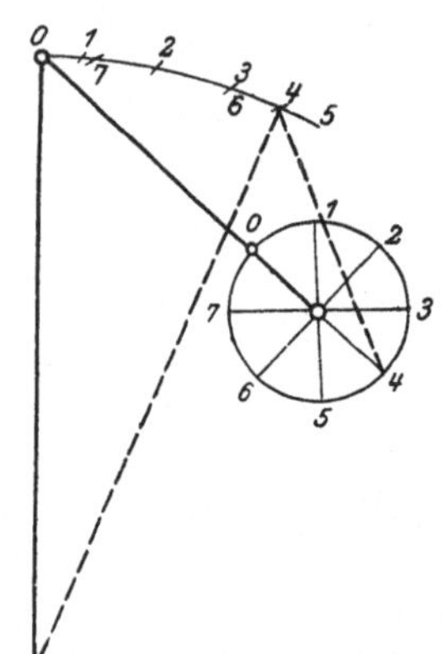

Abb. 79. Ladenantrieb mit tiefer gelegter Kurbel.

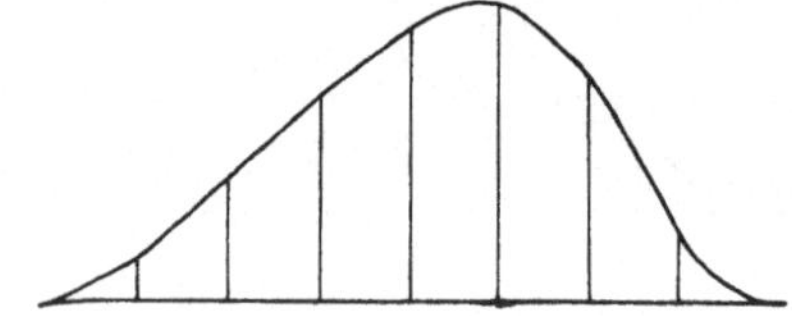

Abb. 80. Diagramm zu nebenstehendem Antrieb.

gerechnet als Ordinaten auftragen, dann erhalten wir das WZ-Diagramm der Ladenbewegung; dasselbe zeigt, daß die Ladenbewegung nach vor- und rückwärts nicht gleichmäßig verläuft (Abb. 77).

---

[1]) Reh: Mechan. Weberei S. 123—126.

Zwischen den Positionen *3* bis *5* des Kurbelzapfens verläuft die Kurve nahezu horizontal, zum Beweis dessen, daß die Lade während dieser Zeit nahezu stillsteht, wie es zum Durchgang des Schützens notwendig ist.

Aus dem *WZ*-Diagramm bestimmt man das *GZ*-Diagramm durch graphische Differentiation auf folgende Weise (Abb. 78).

Wir bezeichnen auf *WZ* beliebige Punkte *I* bis *VIII*, durch die wir Tangenten ziehen. Auf der *X*-Achse wählen wir einen Pol *O* in der Einheitsentfernung vom Koordinatenanfangspunkte.

Durch diesen Pol ziehen wir mit den Tangenten parallele Strahlen, die auf der *Y*-Achse Stücke abschneiden, die mit den Differentialquotienten y' der Kurve *WZ* proportional sind.

Wenn wir in den früheren Punkten *I* bis *VIII* Ordinaten ziehen und auf dieselben von der *X*-Achse an die Werte y' auftragen und die Endpunkte durch eine fortlaufende Kurve verbinden, dann erhalten wir das orthogonale *GZ*-Diagramm der Ladenbewegung, das wir ähnlich benutzen können wie das früher gezeichnete polare *GZ*-Diagramm.

In der Weberei wird der beschriebene Ladenantrieb manchmal abgeändert, um ihn den jeweiligen Anforderungen des Webprozesses anzupassen.

Wenn die Verlängerung der Sehne des vom Ladenzapfen beschriebenen Kreisbogens durch den Mittelpunkt des vom Kurbelzapfen beschrie-

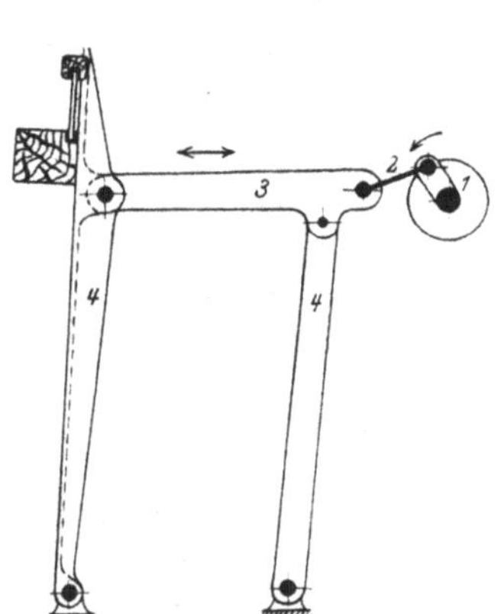

Abb. 81.
Ladenantrieb mit verkürzter Kurbel.

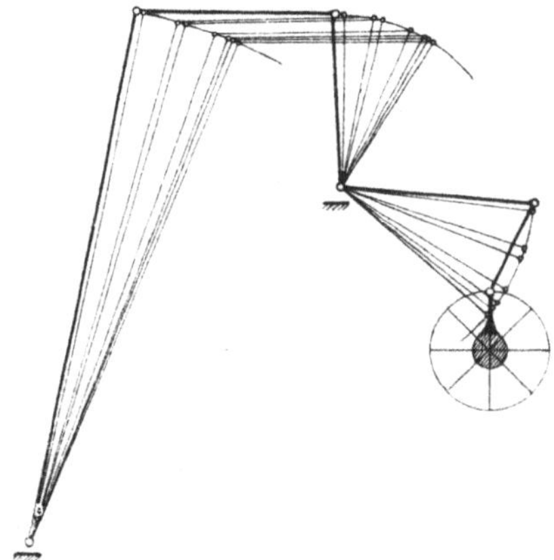

Abb. 82. Ladenantrieb mit Winkelhebel.

benen Kreisbogens geht, dann ist die Bewegung der Lade nach vor- und rückwärts nahezu gleich.

Manchmal wird aber ein schnelleres Vorwärts- und ein langsameres Rückwärtsschwingen gewünscht, was sich in beschränktem Maße durch Höher- oder Tieferlegen des Kurbelzapfenkreises erreichen läßt (Abb. 79). Diagramm Abb. 80 läßt die hierdurch erreichte Änderung in der Bewegung erkennen.

Ein besseres Resultat und zugleich längeren Stillstand der Lade in der hintersten Stellung liefert die **Verkürzung der Kurbel** (Abb. 81), wodurch ein Teil des *WZ*-Diagramms nahezu horizontal wird.

Auch wird zwischen Lade und Kurbel ein **Winkelhebel** eingeschaltet (Abb. 82, 83), damit die Kurbelwelle tiefer gelagert werden kann. Den Charakter der Bewegung kennzeichnet das *WZ*-Diagramm Abb. 84.

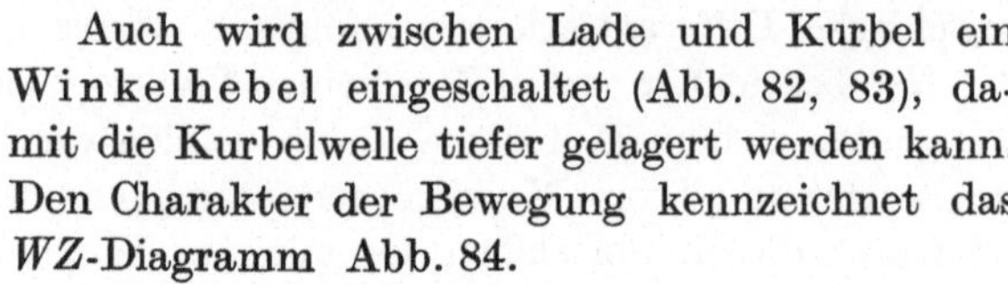

Abb. 83. Ladenantrieb mit Winkelhebel.

Eine weitere Änderung besteht in der Anwendung eines **Exzenters** *1* (Abb. 85), das eine kurze Kurbelstange vertritt und dessen Ringe mit dem Winkelhebel *2* verbunden sind, der die Bewegung zur Lade weiterleitet.

Die Lösung ist wegen der Reibung in den vielen Zapfen konstruktiv nicht günstig.

Bei **Schaftmaschinen** findet man das Kurbelviereck *1, 2, 3* zum Antrieb der Messer angewendet (Abb. 86) in Form eines sog. **Balanciers.**

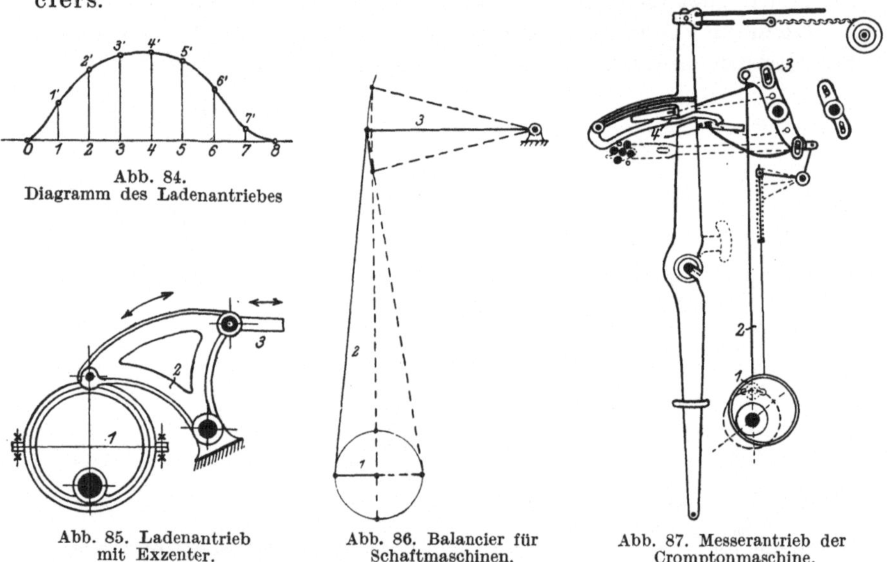

Abb. 84.
Diagramm des Ladenantriebes

Abb. 85. Ladenantrieb mit Exzenter.

Abb. 86. Balancier für Schaftmaschinen.

Abb. 87. Messerantrieb der Cromptonmaschine.

Laut Abb. 87 und 88, die den Messerantrieb einer **Crompton**- resp. **Hattersley**-**Schaftmaschine** darstellen, treibt Kurbel *1* mit den langen Pleuelstangen *2* die Arme *3*, die die Bewegung an die Messer *4* weiterleiten.

Dasselbe ist aus dem **Antrieb der Jacquardmaschinen** laut Abb. 89 und Abb. 90 zu ersehen; erstere Abbildung bezieht sich auf eine **Einfachhub**-, letztere auf eine Maschine mit beweglichem Platinenboden.

Der Zweck des Kurbelvierecks ist überall die Erreichung eines längeren Stillstandes im geeigneten Momente.

Die langen Verbindungsstangen, die besonders bei Jacquardmaschinen

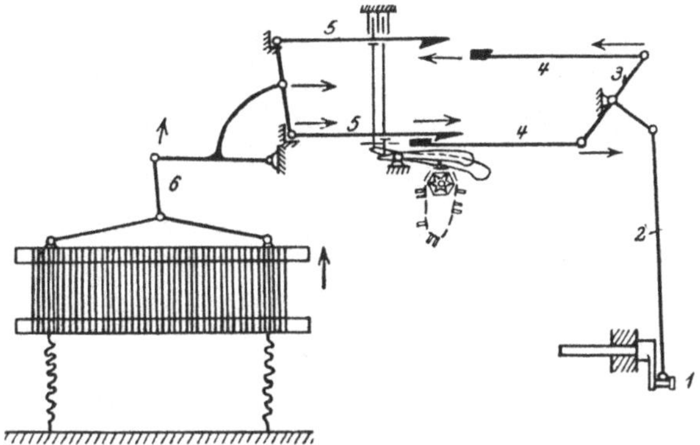

Abb. 88. Messerantrieb der Hattersleymaschine.

notwendig sind, biegen sich aus und kommen bei rascherer Bewegung in Vibrationen, die für den Webprozeß nicht günstig sind.

Eine weitere Anwendung findet das **Kurbelviereck** beim Tuchstuhl von G. Schwabe (Abb. 91) zum **Schützenantrieb**, wo es die Abgabe eines kurzen, kräftigen Schlages ermöglicht.

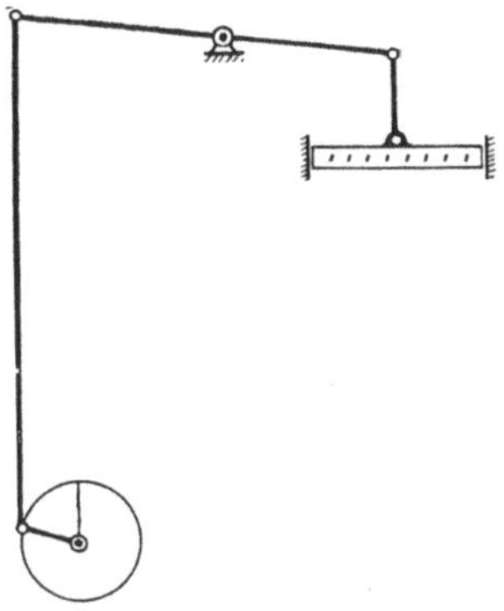

Abb 89. Antrieb der Jacquardmaschine.

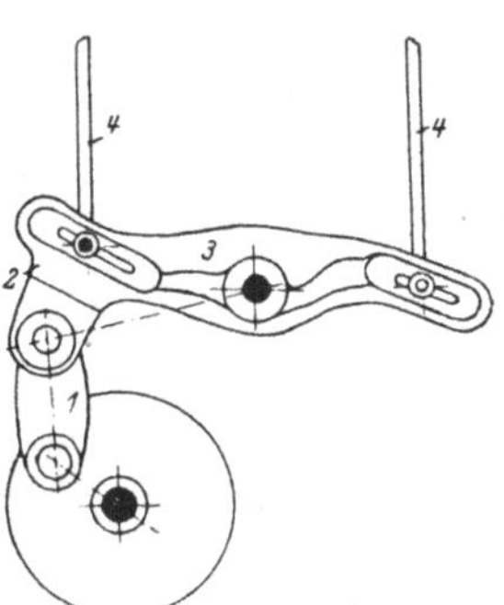

Abb. 90. Antrieb der Jacquardmaschine bei beweglichem Platinenboden.

Bei diesem Getriebe rotiert Kurbel C im Kreise und versetzt durch eine kurze Schubstange G Kurbel K_1 in Schwingungen, die durch Stange K_2 auf Winkelhebel D und von da durch Klinke r auf das Schlagzeug übertragen werden. Klinke r wird nach Bedarf durch eine Schnur ausgehoben.

Wie die vereinfachte Zeichnung in Abb. 92 zeigt, verursacht die Bewegung der Kurbel C vom Punkte *1* bis *3* eine rasche Schwingung der Kurbel K_1 nach auswärts und eine entsprechend rasche Schwingung

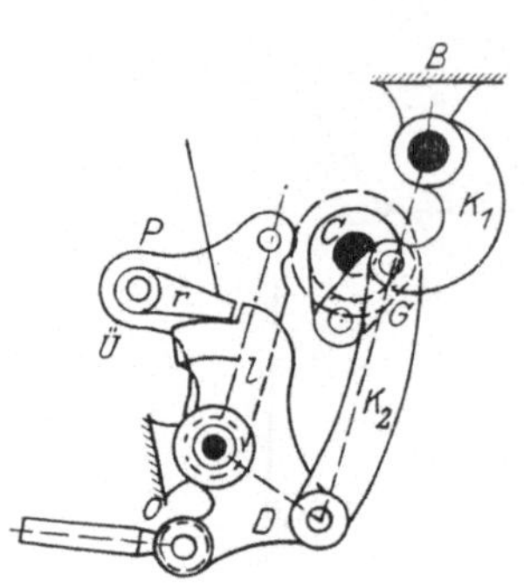

Abb. 91.
Kurbelviereck beim Schützenantrieb.

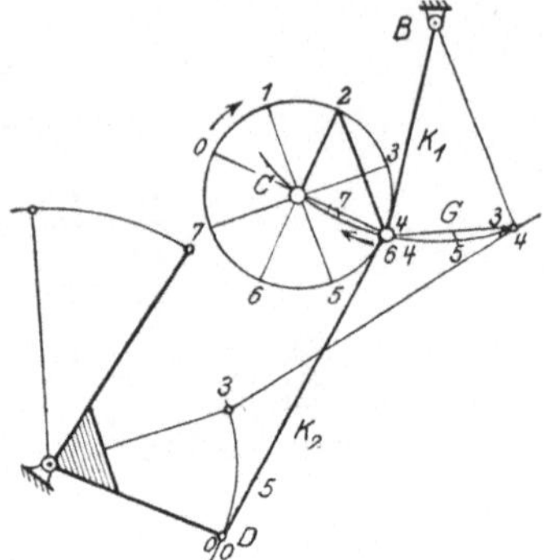

Abb. 92.
Kurbelviereck beim Schützenantrieb.

des Winkelhebels D nach einwärts. Während Kurbel C von *3* bis *7* sich bewegt, geht Kurbel K_1 langsam zurück und bleibt während *7* bis *1* nahezu stehen.

Ein ähnliches Getriebe findet sich bei der Kämmaschine von Offermann und Ziegler (Abb. 93a und b)[1]) zur Bewegung der Speise-

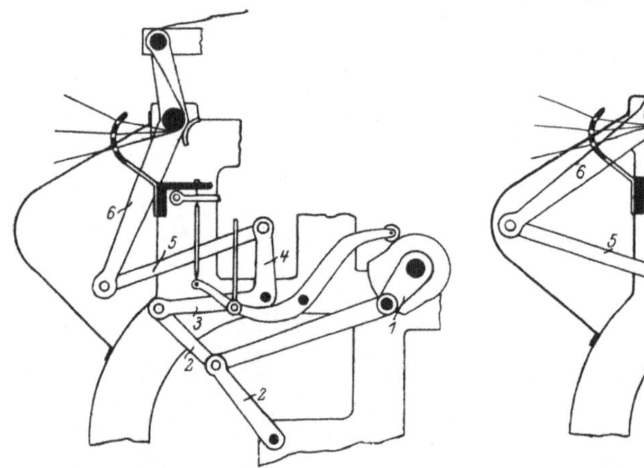

Abb. 93 a.
Speisewalzenbewegung bei der Kämmaschine.

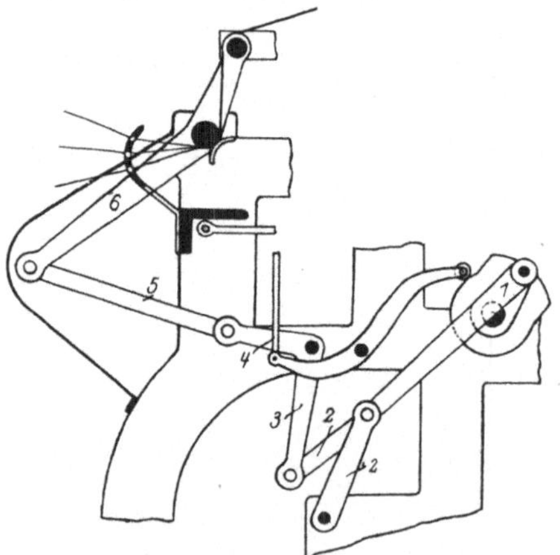

Abb. 93 b.
Dasselbe in anderer Stellung.

walze. Kurbel *1* setzt Hebel *2* und Winkelhebel *3, 4* in Schwingungen. Letzterer bewegt mit Stange *5* Hebel *6*. Die Stangen und Kurbel *1* und *2*, sowie *4, 5, 6* bilden je ein Kurbelviereck.

---

[1]) Siehe Lindner: Spinnerei und Weberei S. 219.

Von dem Kurbelviereck unterscheidet sich die schwingende Doppelkurbel nur durch eine andere Aufstellung (Abb. 94), indem der eine kürzere Arm festgestellt wird und die zwei längeren Arme *1* und *2* Schwingungen vollführen[1]).

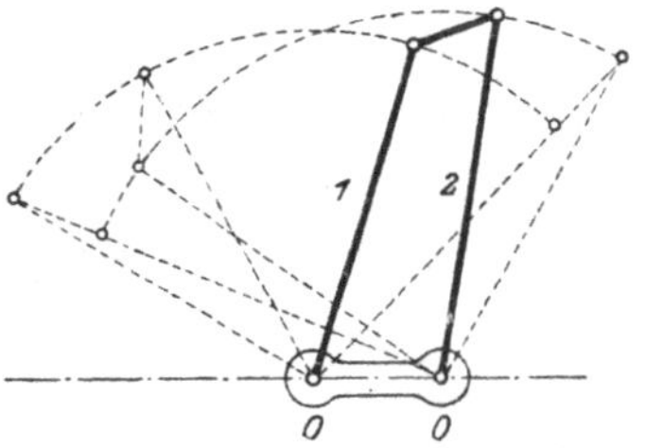

Anwendung findet dasselbe bei der Leg- und Meßmaschine für Gewebe (Abb. 95), bei der die Schwinge *1, 2* hin und her oszilliert und das Gewebe in gleich langen Schichten auf den Tisch *3* faltet und mit den Schienen *4* unter die Leisten *5, 6* schiebt.

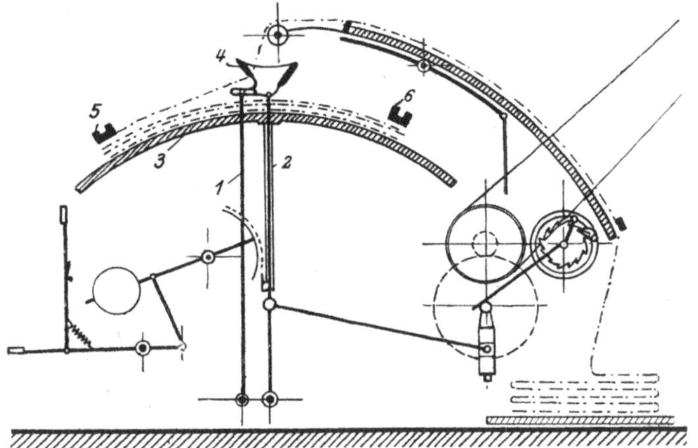

Abb. 94. Schwingende Doppelkurbel.

Ein Sonderfall des Kurbelvierecks ist die Schubkurbel (Abb. 96), bei welcher die eine Schwinge unendlich lang wird. Der Kreisbogen, den die Schwinge beschrieb, geht in eine Gerade über, so daß die Schwinge durch eine Geradführung ersetzt wurde.

Abb. 95. Schwingende Doppelkurbel bei Leg- und Meßmaschinen.

Das Schubkurbelgetriebe ist eines der wichtigsten Getriebe bei Dampfmaschinen und Werkzeugmaschinen, findet aber bei Textilmaschinen verhältnismäßig selten Anwendung, wegen der großen Reibungen, die in den Geradführungen auftreten. Beispiele

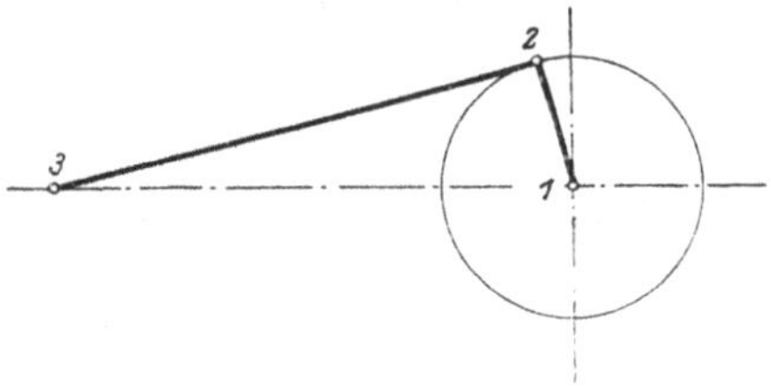

Abb. 96. Schubkurbel.

seiner Anwendung sind die Messerführungen und Antriebe bei einigen Schaft- und Jacquardmaschinen, z. B. bei der Schaftmaschine der

---

[1]) Siehe Reuleaux: Kinematik I, S. 285.

Sächs. Webstuhlfabrik (Abb. 97). Exzenter *1* treibt durch Hebel *2* Stange *3* und versetzt dadurch Wiege *4* in schaukelnde Bewegung. Dieselbe ist durch Stangen *5* mit den Messern *6* verbunden, die in Gerad-

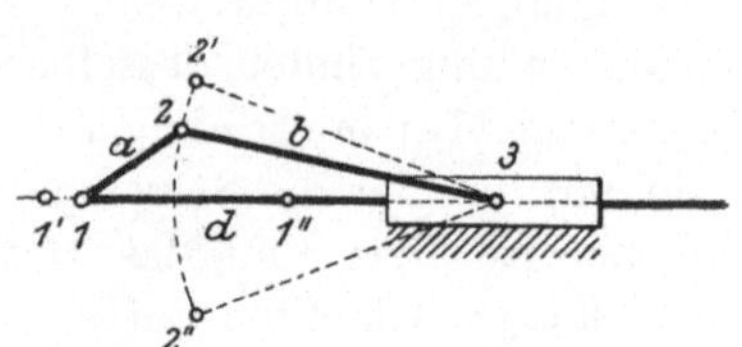
Abb. 98. Schwingende Schubkurbel.

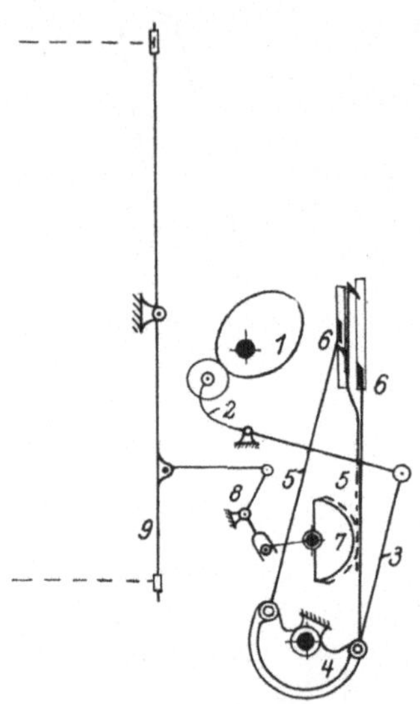
Abb. 97.
Schubkurbel bei Schaftmaschine.

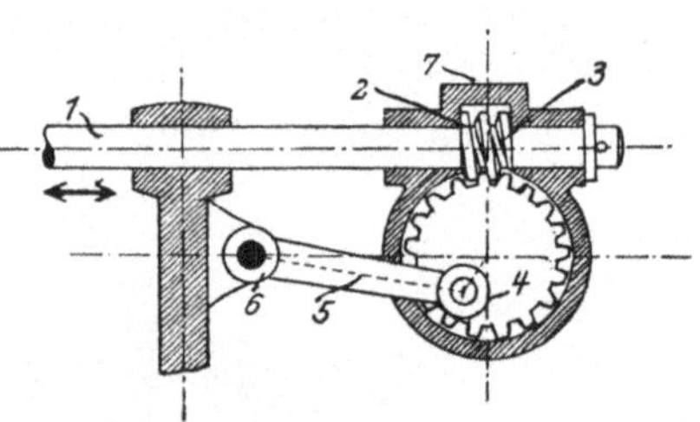
Abb. 99.
Apparat zum Schleifen der Kratzen.

führungen auf und ab bewegt werden. Dieser Teil der Maschine ist eine Schubkurbel, bei welcher die Schaukel *4* die Kurbel vertritt und keine vollständige Kreisbewegung, sondern eine Schwingung vollführt. Die Bewegung der Messer wird dann durch Platinen, Zahnsegment *7*, Hebel *8* auf die Schäfte übertragen.

Eine weitere Umänderung des Kurbelvierecks ist die schwingende Schubkurbel (Abb. 98). Dieselbe besteht aus dem Schieber *3*, der beweglichen Koppel *b*, die um die feste Achse *3* Schwingungen vollführt, aus dem Stabe *d*, der im Schieber hin und her geht und aus der Kurbel *a*, die komplizierte Schwingungen vollführt[1]).

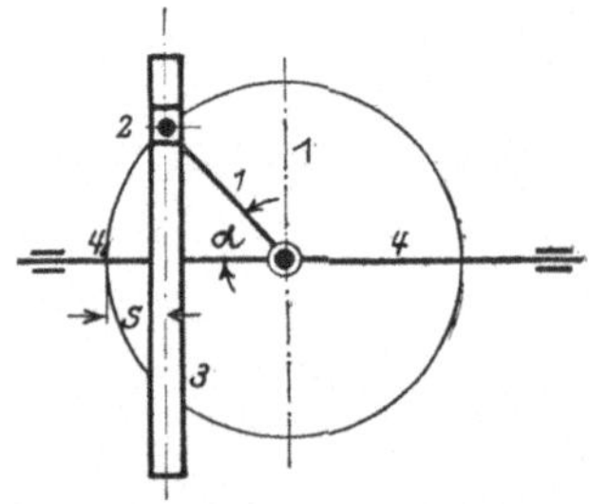
Abb. 100. Einfache Kurbelschleife.

Eine Anwendung des Getriebes zeigt Abb. 99 bei einem Apparat zum Schleifen der Kratzenwalzen. Auf Schleifwelle *1* sitzt fest die Schraube *2*, die das Schraubenrad *3* und mit ihm den exzentrischen Zapfen *4* langsam herumdreht. An Zapfen *4* ist Stange *5* angelenkt,

---

[1]) Reuleaux: Kinematik S. 298.

deren anderes Ende mit Zapfen *6* im Gestell befestigt ist. Gabel *7*, in dem das Schraubenrad gelagert ist, umfaßt die Schraube *2*.

Da der Zapfen *4* von *6* in gleicher Entfernung bleibt, bewegt sich die Schleifwelle *1* um den doppelten Betrag der Exzentrizität des Zapfens hin und her.

Ab und zu gelangt auch die Kurbelschleife[1]) (Abb. 100) zur Anwendung, die aus der Schubkurbel entsteht, wenn man sich die Schubstange derselben unendlich lang denkt. Die Kreuzkopfbewegung wird dadurch erreicht, daß der Kurbelzapfen *2* mit einem Gleitstück versehen wird, welcher bei Drehung der Kurbel in der Schleife *3* auf und abgleitet, während dieselbe in der Achsenrichtung horizontal hin- und herbewegt wird.

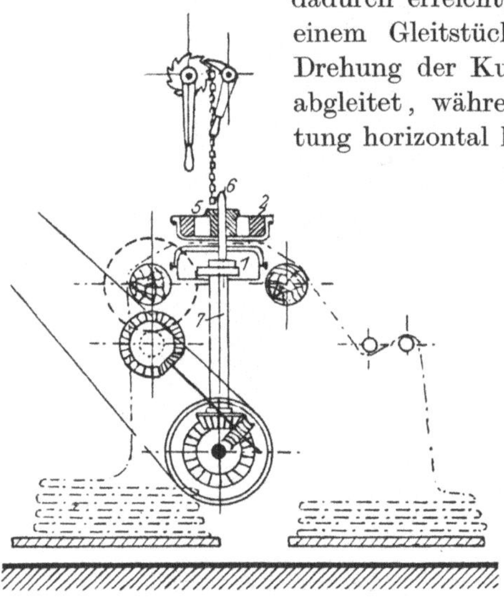

Abb. 101. Ratinémaschine.

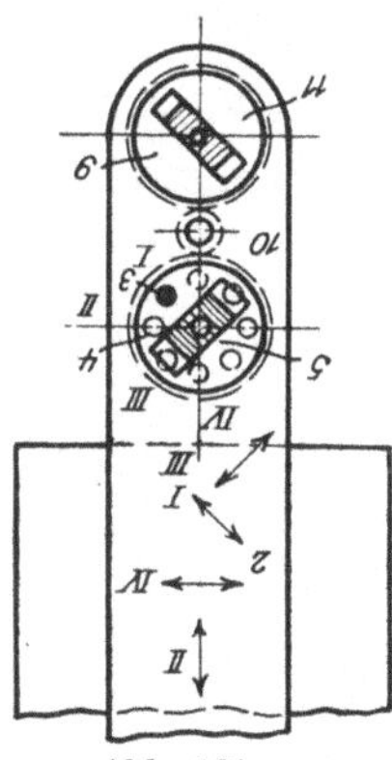

Abb. 101a.
Ratinémaschine.

Der Weg *s* der Schleife bei Drehung um den Winkel α wird erhalten, wenn man den Kurbelweg *4, 2* auf die Achse projiziert. Ist *r* der Kurbelradius, dann ist:

$$s = r - r\cos\alpha = r(1 - \cos\alpha) = 2\,r\sin^2\frac{\alpha}{2}.$$

Die von der Schleife ausgeführte Bewegung heißt Sinusversusbewegung, wegen: $\qquad 1 - \cos\alpha = \text{sinvers}\,\alpha$.

Eine derartige Vorrichtung zeigt Abb. 101 und 101a bei der Ratinémaschine[2]). Die Ware wird über einen festen Tisch *1* langsam hinweggezogen, darüber hängt die Ratinierplatte *2*, welche mit Plüsch überzogen ist, und die eigentliche Bewegung macht. An den Enden der Ratinierplatte befindet sich eine mit einem Stift *3* einstellbare, mit

---

[1]) Nach Reuleaux: Kinematik I, S. 313, Kreuzschleifenkette.
[2]) Kinzer: Technologie der Appretur S. 123/124.

4*

Führungsschlitz versehene runde Scheibe *4*. In dem Führungsschlitz gleitet das Gleitstück *5*, das auf dem langen Kurbelzapfen *6* der Welle *7* sitzt. Wenn die Welle *7* rotiert, beschreibt der exzentrische Kurbelzapfen *6* einen Kreis und das Gleitstück gleitet in dem Schlitz hin und her. Die Scheibe *4* und mit ihr die Platte *2* beschreibt eine hin und her gehende Bewegung *I*, die auf der Richtung des Gleitschlitzes senkrecht steht.

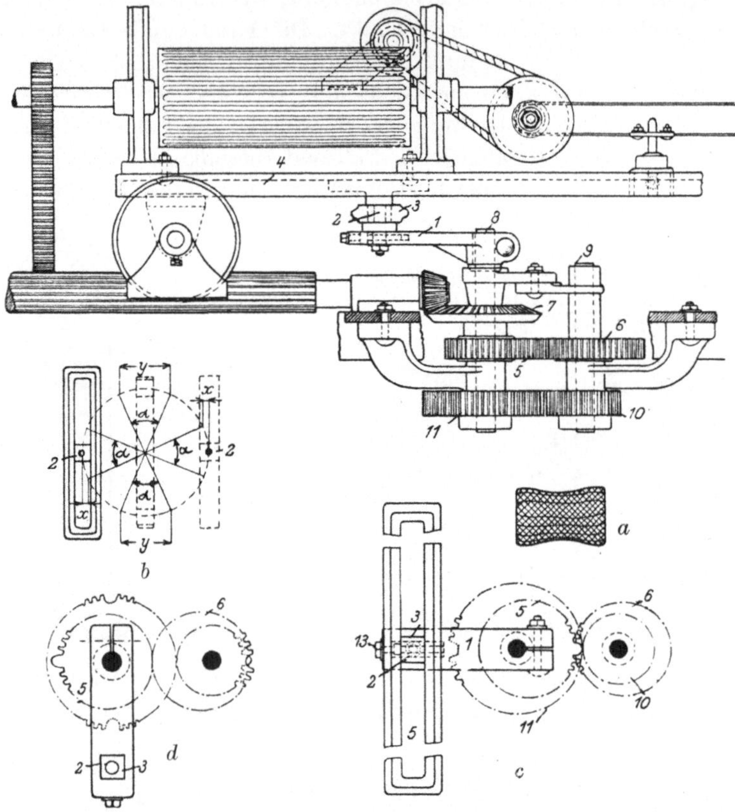

Abb. 102. Kurbelschleife für die Nadelstabstrecke der Kammgarnspinnerei.

Zur Sicherung der Richtung dient Scheibe *9*, deren Schlitz in der Bewegungsrichtung eingestellt wird und zwar mit Hilfe einer Zahnradübertragung *10*. Das Gleitstück *11* steht mit seinem Zapfen fest im Tische *1* und gibt der Bewegung die Richtung. Die Größe der Schubbewegung wird durch die Kurbel nach Bedarf geändert, die Richtung derselben aber durch Stift *3*, der nach Bedarf in die Löcher *I* bis *IV* gesteckt wird und so die Bewegung in die Richtungen I bis IV zwingt. Die Haare der Ware werden durch diese zitternde Bewegung in Längs-, Quer- oder Schrägrichtung zusammengewürgelt „frisiert".

Die Kurbelschleife wird auch zur Bewegung des Spulenwagens bei der Doppelnadelstabstrecke (Intersecting) der Kammgarnspinnerei verwendet (Abb. 102a—d)[1]. Die Schleifkurbel *1* trägt lose am Zapfen *2* ein vierkantiges Gleitstück *3*, welches bei der Drehung der Kurbel in der am Spulenwagen *4* befestigten Schlitzführung *5* hin und her läuft und dem Wagen eine ungleichförmige Sinusversusbewegung erteilt. Wie die Abb. 102b zeigt, ist die seitliche Verschiebung x resp. y des Wagens bei gleichem Drehwinkel α ungleich, je nachdem das Gleitstück *3* in der Richtung des Schlitzes oder senkrecht dazu bewegt wird. Eine Folge davon wäre eine verzögerte Bewegung des Spulenwagens und demzufolge Aufwickeln einer größeren Bandlänge an den Spulenenden und eine beschleunigte Bewegung und geringere Bandaufwickelung in der Mitte des Hubes. Die Spule würde also in der Mitte hohl ausfallen, wie dies Abb. 102a zeigt.

Um die Wagengeschwindigkeit gleichmäßig zu gestalten, wird die Bewegung der Schleifkurbel laut einer Konstruktion der Elsässer Maschinenbaugesellschaft durch zwei exzentrisch gelagerte Stirnräder derartig beeinflußt, daß dieselbe eine gleichmäßige Bewegung des Spulenwagens hervorbringt.

Das Kegelrad *7* bildet nämlich mit dem exzentrischen Stirnrad *5* ein Stück und sitzt lose auf der Welle *8*. Das Rad *5* überträgt seine Drehung auf das exzentrische Stirnrad *6*, welches mit Stirnrad *10* zusammen fest auf der Hilfswelle *9* sitzt. Rad *10* überträgt seine Drehung auf Rad *11*, welches fest auf Welle *8* sitzt und dadurch die Kurbel *1* umdreht.

Die exzentrischen Räder *5, 6* arbeiten derartig zusammen, daß gegen Hubende der Durchmesser des treibenden Rades *5* immer größer und der des getriebenen Rades immer kleiner wird, so daß bei Hubwechsel das größte Übersetzungsverhältnis erreicht wird. Die Verzögerung, die durch den Kurbeltrieb allein hervorgerufen wurde, wird also ausgeglichen, indem die Exzenterräder *5, 6* eine entsprechende Beschleunigung erzeugen. Durch das Übersetzungsverhältnis 1 : 2 der Zahnräder *10, 11* entfällt auf eine Umdrehung der Exzenterräder eine halbe Umdrehung der Kurbel *1*.

Die Abb. 102c, 102d zeigen die Stellung der Räder für das Hubende und für die Hubmitte. Durch Verstellen der Schraube *13* ist eine genaue Regulierung des Wagenhubes möglich. Die Zahnstellen der exzentrischen Räder *5* und *6*, sowie der Zahnräder *10* und *11* erhalten verstärkte Zähne als Sicherung gegen den erhöhten Zahndruck, der bei Hubwechsel auftritt.

Eine Abänderung der einfachen Kurbelschleife, die bogenförmige Kurbelschleife (Abb. 103) findet in der Textiltechnik ebenfalls Verwendung. Die Bewegung findet derart statt, daß bei jeder kreisförmigen

---

[1] Meyer und Zehetner: Kammgarnspinnerei S. 143ff. Berlin: Julius Springer 1923.

Umdrehung der Kurbel *1*, die Schleife oder Kulisse *2* im Schieber *3* einmal hin und her gleitet. Solange der Stein *4* in der Schleife gleitet, ist Stillstand, dann schwingt die Schleife nach vor- und rückwärts (Abb. 104).

Das entsprechende Getriebe, das zum **Antrieb der Lade beim Webstuhl**[1]) dient (Abb. 105), unterscheidet sich von obigem nur insofern, als die Schleife nicht in gerader Richtung, sondern in einem flachen Kreisbogen verschiebbar ist, dessen Mittelpunkt der Zapfen *6* der Ladenstelze ist.

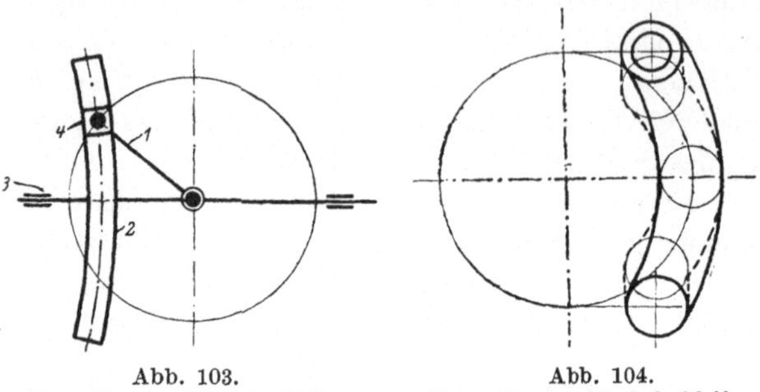

Abb. 103.
Bogenförmige Kurbelschleife.

Abb. 104.
Bogenförmige Kurbelschleife.

Das *WZ*-Diagramm zeigt, daß die Lade eine Zeitlang ganz stillsteht, solange nämlich, als der Stein in der Schleife schwingt, so wie es zur Bewegung des Schützens notwendig ist.

Ähnlich ist das Getriebe zum **Antrieb der Nadelstange bei der Singerschen Nähmaschine** (Abb. 106)[2]). Der Kurbelzapfen 1 greift in die herzförmige Nut der Nadelbarre *2* und erteilt derselben eine auf und ab steigende Bewegung, welche durch einen Stillstand unterbrochen ist.

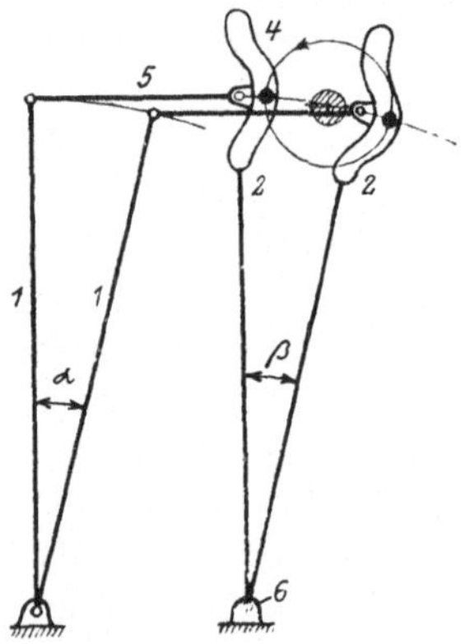

Bewegt sich die Kurbel aus der mittleren Stellung *1* in diejenige *3*, so ist die Nadelzange um das Stück 3, 4 nach abwärts geführt, wenn *1, 4, 5, 6* die Mittellinie des Kurvenstückes bedeutet, da dieses Stück die vertikale Abweichung des Kanals vom Kurbelkreis *1 3 7 8* darstellt. Dann erhebt sich die Nadelstange um einige Millimeter, die der Differenz von *3 4* und *5 7* entspricht.

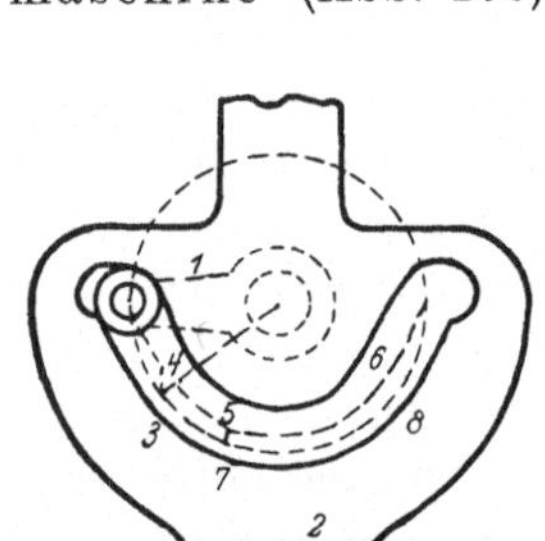

Abb. 105.
Ladenantrieb für Webstühle.

Abb. 106. Antrieb der Nadel
bei der Nähmaschine.

In dem Augenblicke, da die Kurbel diese Stellung erreicht hat, tritt ein Stillstand der Nadelstange ein, welcher bis zur Kurbelstellung *6* dauert, worauf die Nadelstange wieder emporsteigt.

[1]) R e h: Mechan. Weberei S. 128/129.
[2]) W e i s b a c h: Ingenieur u. Maschinenmechanik III, 1, S. 824.

Diese Bewegung entspricht der gewünschten Bewegung der Nadel, die sich aus ihrer tiefsten Stellung bei *3 4* um einige Millimeter erhebt, dann stehenbleibt, wodurch der Faden eine Schleife bildet, durch die das untere Nähschiffchen durchschlüpfen kann. Erst dann hebt sich die Nadel in ihre höchste Stellung und senkt sich beim nächsten Spiel wieder so wie früher.

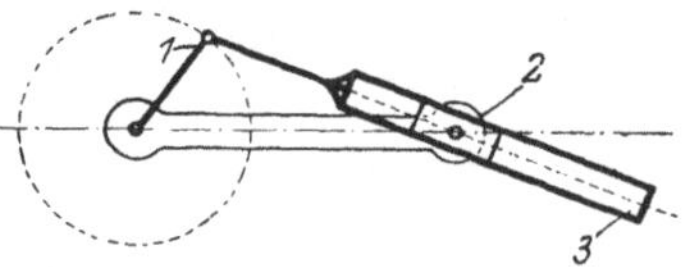
Abb. 107. Schwingende Kurbelschleife.

Hierher gehört die **schwingende Kurbelschleife** (Abb. 107), die aus einer rotierenden Kurbel *1* und einer auf dem Zapfen *2* schwingenden und hin und her gehenden Schleife *3* besteht.

Der **Hacker für Krempelmaschinen** wird bisweilen statt des früher erwähnten Kurbelvierecks mit einer derartigen Schleife angetrieben (Abb. 108). Exzenter *1* treibt statt einer kurzen Kurbel Stange *2*, die in Hülse *3* hin- und hergleitet und mit Zapfen *4* rasch oszilliert, wodurch der Hacker seine Bewegung bekommt. Ein Vorteil dieser Anordnung ist die geringe Masse und demzufolge mögliche hohe Schwingungszahl ohne Vibrationen.

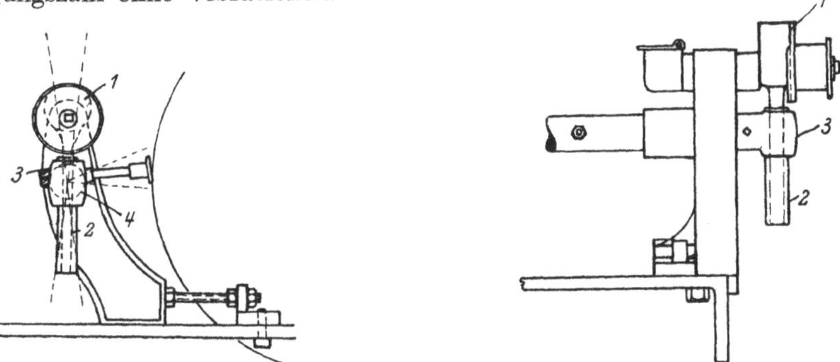
Abb. 108. Antrieb des Hackers bei Krempelmaschinen.

Ein weiteres Beispiel bietet die Leviathanwaschmaschine (s. S. 123).

Die schwingenden Bewegungen, die bei den komplizierten Arbeitsprozessen der Textilindustrie notwendig sind, können durch die bisherigen Getriebe nicht restlos erzeugt werden.

Um allen Anforderungen zu genügen, werden häufig **unrunde Scheiben**, **Kurvenscheiben**, auch **Exzenter** genannt, herangezogen, deren Umfang je nach der gewünschten Bewegung beliebig gestaltet werden kann.

Um den Zusammenhang zwischen der **Form des Exzenters** und der durch ihn erzielten Bewegung rechnerisch festzustellen, denken wir uns ein beliebig gestaltetes Exzenter um seine Achse gleichmäßig drehend (Abb. 109), während eine es berührende Rolle, die wir vorläufig punktförmig annehmen, in einer geraden Linie sich auf und ab bewegen kann, jedoch so, daß sie mit dem Exzenter in fortwährendem Kontakte bleibt.

Wenn das Exzenter die Rolle anfänglich mit dem Radius r, nach der kleinen Zeit dt, nach einer Umdrehung um den Winkel $d\varphi$, dieselbe mit dem Radius $r + dr$ berührt, dann ist die Ablenkung der Scheibe offenbar dr, ihre Geschwindigkeit $v = \dfrac{dr}{dt}$, die Winkelgeschwindigkeit des Exzenters: $\omega = \dfrac{d\varphi}{dt}$, das Verhältnis der Geschwindigkeit zur Winkelgeschwindigkeit also[1]:

$$v : \omega = \frac{dr}{dt} : \frac{d\varphi}{dt} = \frac{dr}{d\varphi}$$

oder

$$dr = \frac{v}{\omega}\, d\varphi . \tag{49}$$

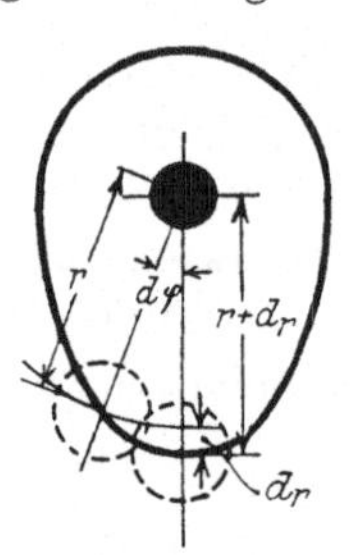

Abb. 109. Exzenter.

Ist nun die Geschwindigkeit als Funktion von φ bekannt oder gegeben in der Form $v = f(\varphi)$, dann ist:

$$dr = \frac{f(\varphi)\, d\varphi}{\omega} \tag{50}$$

und hieraus durch Integration:

$$r = \frac{1}{\omega} \int f(\varphi)\, d(\varphi) + \text{konst.}, \tag{51}$$

also r als Funktion von φ berechenbar.

Wenn wir die den einzelnen Werten von φ entsprechenden Werte von r berechnen und auf die Radien auftragen, erhalten wir die Form des Exzenters.

Bemerkenswert ist die Übereinstimmung, die zwischen dem *WZ*-Diagramm der Scheibe und der äußeren Form des Exzenters besteht und auf folgendem beruht: Aus der Geschwindigkeit der Scheibe v erhalten wir den zurückgelegten Weg s aus der Gleichung $v = \dfrac{ds}{dt}$ oder $ds = v\,dt$, die nach Integration übergeht in

$$s = \int v\,dt + \text{konst.} = \int f(\varphi)\,dt + \text{konst.} \tag{52}$$

und mit Gleichung (51) der Form nach vollkommen übereinstimmt, so daß wir sagen können:

Die Form des Exzenters ist das in Polarkoordinaten übertragene *WZ*-Diagramm der Bewegung[2].

---

[1] Vgl. Haussner: Mech. Technologie II, S. 357.
[2] Vgl. Reuleaux: Kinematik II, S. 535.

An einigen Beispielen läßt sich dies noch besser ersehen.

Wenn die Geschwindigkeit $v = a$ konstant bleibt, dann ist

$$r = \frac{1}{\omega} \int_0^{\varphi} a\, d\varphi = \frac{1}{\omega} a\, \varphi + c, \tag{53}$$

die Integrationskonstante bestimmen wir aus der Bedingung, daß bei $\varphi = 0$, $r = r_0$ sein soll. Es ist dann:

$$r = r_0 + \frac{a\,\varphi}{\omega}, \tag{54}$$

was einer **archimedischen Spirale** entspricht.

Wenn die Geschwindigkeit gleichmäßig zunehmen, also $v = \gamma t$ sein soll, dann ist, wegen

$$\varphi = \omega t, \qquad v = \gamma \frac{\varphi}{\omega}, \qquad dr = \frac{\gamma \varphi}{\omega^2} d\varphi$$

und nach Integration:

$$r - r_0 = \frac{\gamma}{2\,\omega^2} \varphi^2, \tag{55}$$

was einer **parabolischen Spirale** entspricht. Wenn die Geschwindigkeitsgleichung $v = k \sin t$ lautet, die Bewegung also eine harmonische ist, dann ist:

$$v = k \sin\left(\frac{\varphi}{\omega}\right), \qquad dr = \frac{k \sin\left(\frac{\varphi}{\omega}\right)}{\omega} d\varphi,$$

$$r - r_0 = k\left(1 - \cos\left(\frac{\varphi}{\omega}\right)\right). \tag{56}$$

Die **Konstruktion der Exzenter** erfolgt in allen drei Fällen auf folgende Weise (Abb. 110 bis 113). Wir teilen den Umfang des Ex-

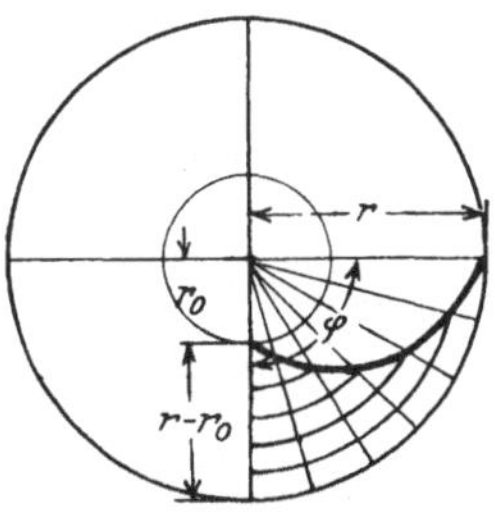

Abb. 110. Exzenter für konstante Geschwindigkeit.

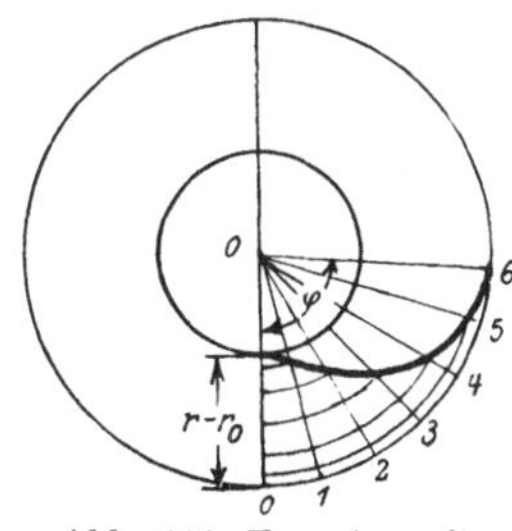

Abb. 111. Exzenter mit parabolischer Spirale.

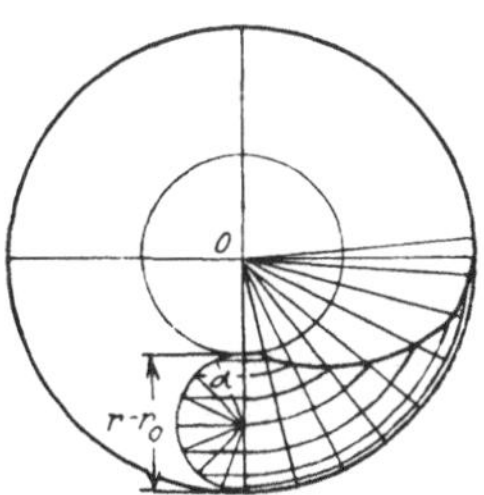

Abb. 112. Exzenter mit Sinusspirale.

zenters, welcher dem Winkel φ entspricht, in gleiche Teile, ziehen Radien an die Teilpunkte, teilen den Unterschied des kleinsten und größten

Radius $r - r_0$ in ebenso viele Teile und übertragen die Teilpunkte von $r - r_0$ mit Hilfe von Kreisbogen auf die entsprechenden Radien des Exzenters.

Die Teilpunkte von $r - r_0$ sind bei der archimedischen Spirale gleich weit entfernt (Abb. 110), bei der parabolischen Spirale sind sie in einer progressiven Entfernung, die den bei gleichmäßiger Beschleunigung zurückgelegten Wegen entspricht, die sich so verhalten wie die aufeinanderfolgenden ungeraden Zahlen $1 : 3 : 5 : 7$ (Abb. 111) und können endlich bei der harmonischen Bewegung folgendermaßen bestimmt werden (Abb. 112). Wir zeichnen über $r - r_0$ als Diameter einen

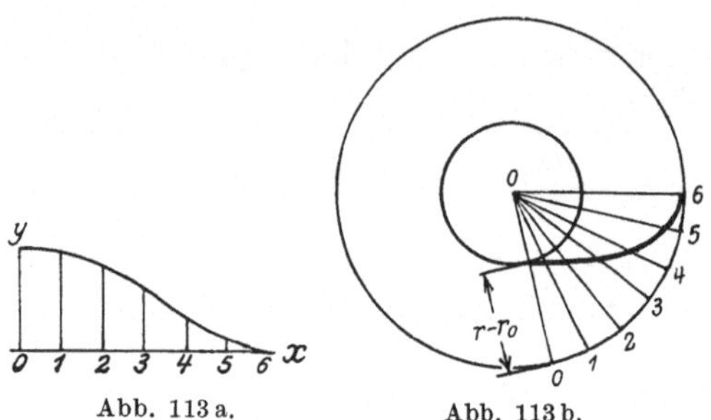

Abb. 113 a.   Abb. 113 b.
Exzenter für beliebige Geschwindigkeit und Diagramm hierzu.

Halbkreis, dessen Umfang wir in ebenso viele Teile einteilen wie das Exzenter und projizieren die Teilpunkte auf den Durchmesser, wodurch $r - r_0$ der Gleichung $r - r_0 = k\left(1 - \cos\dfrac{\varphi}{\omega}\right)$ entsprechend eingeteilt wird.

Wenn das Bewegungsgesetz nicht in Form einer Gleichung, sondern durch ein beliebiges Diagramm gegeben ist, dann teilen wir dasselbe durch Ordinaten in so viele Teile wie das Exzenter durch Radien und übertragen die Länge der Ordinaten auf die Radien, und zwar von der Peripherie des Kreises nach einwärts. Die Verbindung der Endpunkte gibt die Form des Exzenters (Abb. 113 a und b).

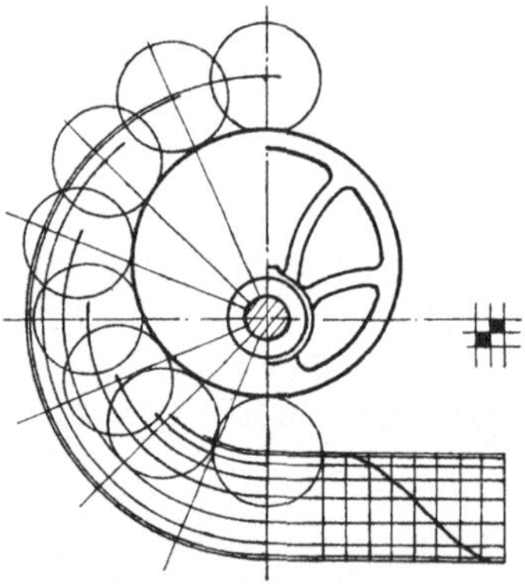

Die bisherigen Konstruktionen bedürfen noch einer gewissen Korrektion aus folgenden Gründen.

Abb. 114. Hüllkurve am Exzenter.

Erstens ist der Radius der Rolle von Null verschieden. Wir müssen also in den früher bestimmten Punkten des Exzenters mit dem Radius der Scheibe Kreise zeichnen und an diese eine Hüllkurve ziehen (Abb. 114).

Zweitens bewegt sich die Rolle meistens nicht in einer Geraden, sondern in einem Kreisbogen, dessen Mittelpunkt der Drehpunkt eines Hebels ist.

Um die rektifizierte Exzenterkurve zu erhalten, denken wir uns sowohl dem Exzenter wie dem Hebel eine mit der Drehung des Exzenters gleiche, aber entgegengesetzt gerichtete Drehung erteilt.

Hierdurch gelangt das Exzenter in Ruhe, die Bewegung des Hebels aber entspricht der relativen Bewegung beider (Abb. 115). Wir zeichnen den Tritthebel l in der mittleren Stellung, wo er in Wirklichkeit horizontal und auf dem Exzenterradius senkrecht steht. Die entsprechende Lage desselben nach der obigen Zusatzdrehung ist in $4\ 4'$ gezeichnet. Wenn wir also mit Radius $O\ 4'$ um O einen

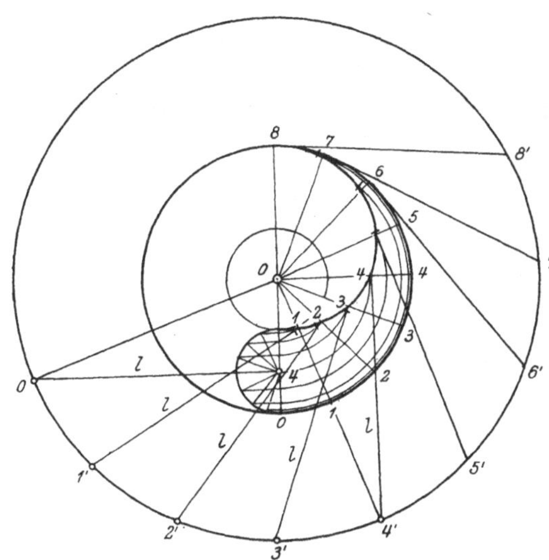

Abb. 115. Rektifikation der Exzenterkurve.

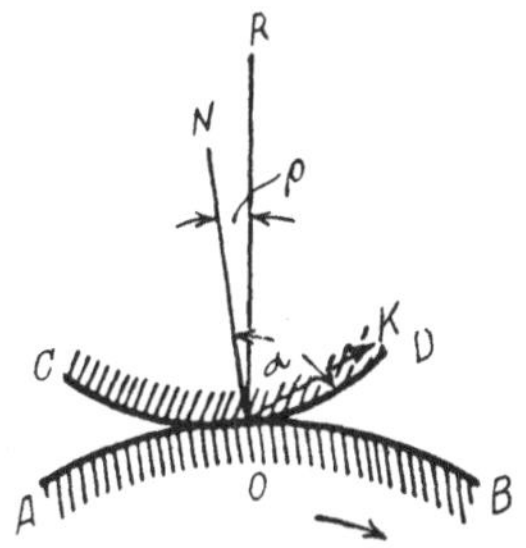

Abb. 116. Reibung beim Exzenter.

Kreis zeichnen, so enthält der Umfang desselben alle Stellungen der Tritthebelenden, die wir von $4'$ rückwärts leicht finden können. Aus diesen Stellungen schneiden wir mit der Länge des Tritthebels l die früher gezeichneten Kreisbogen, die den Teilpunkten $r - r_0$ entsprechen und erhalten so die rektifizierten Mittelpunkte 1 bis 8 der Scheiben. Die Abweichungen von der ursprünglichen Scheibe sind so gering, daß sie nur bei größerem Maßstabe ersichtlich sind.

Endlich ist noch der **mi ni male Exzenterradius** r_0 zu bestimmen. Wir zeichnen deshalb neben die gemeinsame Normale des Exzenters und der Scheibe ON (Abb. 116) den Reibungswinkel ϱ. Es sei AB das treibende Exzenter, CD die getriebene Scheibe, OK die Richtung der Bewegung des Punktes O

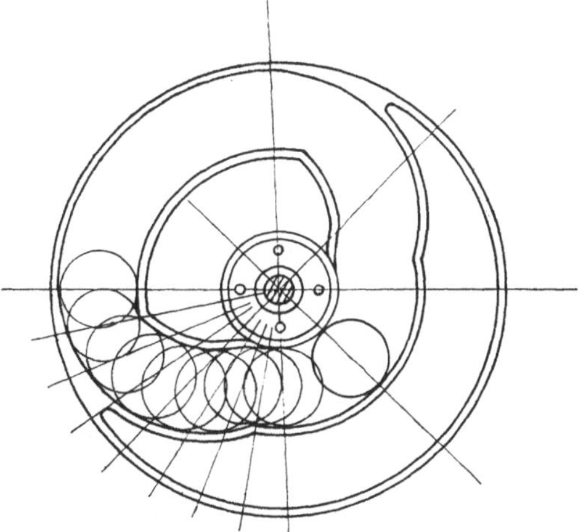

Abb. 117. Nutenexzenter.

der treibenden Fläche, welche mit der Normalen den Winkel α einschließt.

Nach der Lehre von der Reibung muß $\sphericalangle\,\alpha > \sphericalangle\,\varrho$ sein, wenn Bewegung stattfinden soll.

Ist diese Bedingung nicht erfüllt, was bei zu klein gewähltem r_0 vorkommt, so ist der minimale Exzenterradius zu vergrößern.

Während wir bei den bis jetzt behandelten Exzentern voraussetzten, daß die Rolle in der einen Richtung durch das Exzenter, in der anderen durch **Kraftschluß** bewegt wird, mit dem sie an den Umfang des Exzenters gedrückt wird, gibt es auch eine Art von Exzentern, bei denen die Rolle durch das Exzenter selbst in beiden Richtungen bewegt wird.

Es sind dies die **Exzenter mit Nuten** (Abb. 117), die bei allen Textilmaschinen Anwendung finden.

Etwas anders gestaltet sich die Bewegung der Rolle, wenn ihre **Bahn**

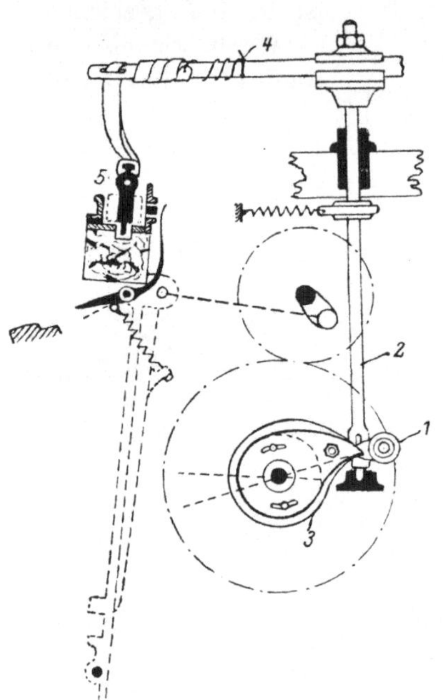

Abb. 118. Exzenter für Oberschlag am Webstuhle.

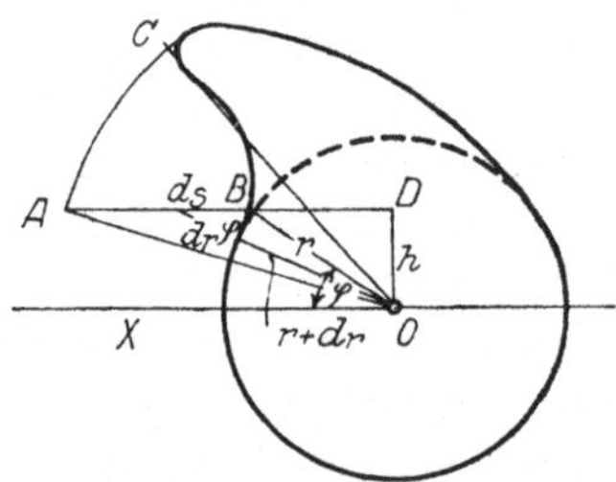

Abb. 119. Weg der Schlagrolle.

nicht durch den Mittelpunkt des Exzenters geht, wie es z. B. bei **Exzentern für oberschlägige Webstühle** üblich ist (Abb. 118).

Hier bewegt sich die Schlagrolle *1* in einem Bogen, dessen Mittelpunkt die Schlagwelle *2* ist und den man annähernd als Gerade betrachtet.

Den Weg AB der Schlagrolle, währenddessen sich das Exzenter von OB bis OC dreht, finden wir auf folgende Weise (Abb. 119):

Während der Radius des Exzenters von r auf $r + dr$ zunimmt, macht die Scheibe den kleinen Weg:

$$ds = \frac{dr}{\cos\varphi} = \frac{dr}{\sqrt{1 - \dfrac{h^2}{r^2}}}. \qquad (57)$$

weil

$$\cos\varphi = \frac{BD}{OB} = \sqrt{\frac{r^2 - h^2}{r^2}} = \sqrt{1 - \frac{r^2}{h^2}}$$

ist, wobei φ den Winkel AOB und h die Entfernung des Schlagrollenweges AB vom Exzentermittelpunkt O bedeutet.

Wenn wir diesen Elementarweg zwischen den Grenzen r und r_0 integrieren, erhalten wir den vollständigen Weg AB:

$$s = \int_{r_0}^{r} \frac{dr}{\sqrt{1 - \frac{h^2}{r^2}}} = \int_{r_0}^{r} \frac{r\,dr}{\sqrt{r^2 - h^2}} = \sqrt{r^2 - h^2} - \sqrt{r_0 - h^2}. \tag{58}$$

Wenn wir, wie früher, das Verhältnis der Geschwindigkeit v der Schlagrolle zur Winkelgeschwindigkeit des Exzenters ω bilden, so ist jetzt:

$$v : \omega = \frac{ds}{dt} : \frac{d\varphi}{dt} = \frac{ds}{d\varphi} = \frac{r\dfrac{dr}{d\varphi}}{\sqrt{r^2 - h^2}}$$

oder

$$v = \frac{r\omega\dfrac{dr}{d\varphi}}{\sqrt{r^2 - h^2}}. \tag{59}$$

d. h. die momentane Geschwindigkeit der Schlagrolle ist desto größer, je größer die Winkelgeschwindigkeit (Tourenzahl) ω des Exzenters ist, je größer $\dfrac{dr}{d\varphi}$ ist, d. h. je schneller sich der Radius r mit dem Winkel φ ändert und je größer h ist, also je höher die Schlagrolle gestellt wird. Das Verhältnis $\dfrac{dr}{d\varphi}$ hängt von der Form des Exzenters ab, je konkaver man die Schlagnase ausfeilt, desto rascher wächst r im Verhältnis zu φ.

Den Zusammenhang zwischen r und φ oder die Exzenterform erhalten wir aus obiger Gleichung (59):

$$\frac{1}{\omega}\,v\,d\varphi = \frac{r\,dr}{\sqrt{r^2 - h^2}}.$$

Ist nun v als Funktion von φ gegeben, z. B. $v = f(\varphi)$, so läßt sich aus Gleichung (59) r als Funktion von φ berechnen:

$$\frac{1}{\omega}\,f(\varphi)\,d\varphi = \frac{r\,dr}{\sqrt{r^2 - h^2}}$$

gibt integriert:

$$\frac{1}{\omega}\int_{\varphi_0}^{\varphi} f(\varphi)\,d\varphi = \sqrt{r^2 - h^2} - \sqrt{r_0^2 - h^2}. \tag{60}$$

Die Gleichung liefert nicht unmittelbar die Änderung von r wie früher, sondern von

$$\sqrt{r^2 - h^2} - \sqrt{r_0^2 - h^2} = AB ,$$

und gibt selbst in einfacheren Fällen ein wenig übersichtliches Resultat. Wenn z. B. $v =$ konst. $= a$ ist, dann ist

$$\frac{1}{\omega}\, a\,(\varphi - \varphi_0) = \sqrt{r^2 - h^2} - \sqrt{r_0^2 - h^2} . \tag{61}$$

Bei der **Konstruktion des Exzenters** teilen wir AB so ein, wie es die gewünschte Art der Bewegung fordert (Abb. 120)[1]).

Bei anfänglich gleichmäßig beschleunigter, später gleichmäßig verzögerter Bewegung teilen wir die Strecke AB in 8 Teile, die sich verhalten wie: $1 : 3 : 5 : 7 : 9 : 3 : 2 : 1$.

Durch Zurückprojizieren auf die entsprechenden Exzenterradien erhalten wir die richtigen Längen.

Wenn wir z. B. die Länge des Exzenterradius suchen, der dem Punkte 7 des Schlagrollenweges entspricht, so haben wir den Mittelpunktswinkel des Exzenters, der dem ganzen Wege entspricht, in diesem Falle 30°, in ebenso viele Teile zu teilen wie den Weg, in unserem Falle in 8 Teile, und an die Teilungspunkte die Radien $O1'$, $O7'$ zu ziehen[1]).

Dann verlängern wir den Schlagrollenweg AB und ziehen einen ihn berührenden Kreis vom Mittelpunkt O.

Aus dem Punkte $7'$ ziehen wir eine Tangente an diesen Kreis, die wir mit dem Kreisbogen aus $O : 7\,7''$ schneiden.

Der Schnittpunkt gibt uns den entsprechenden Punkt des Exzenters $7''$,

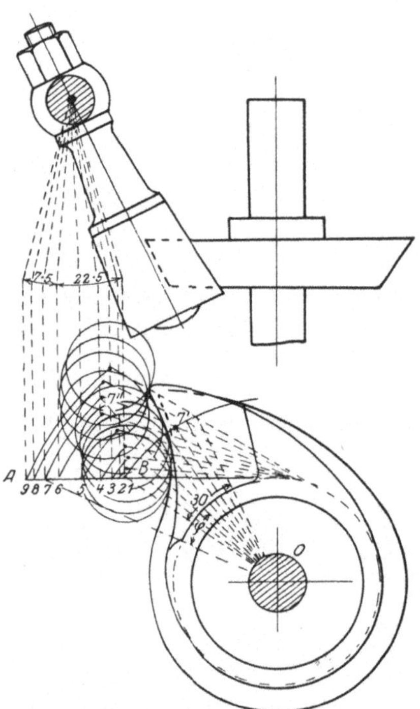

Abb. 120. Exzenterkonstruktion.

der dann zur Wirkung gelangt, wenn $O\,7'$ die Lage OB und die Tangente $7'\,7''$ die Lage AB erreicht hat. Wir haben durch die beschriebene Konstruktion das Dreieck $OB\,7$ um den Winkel φ in seine ursprüngliche Lage $O\,7'\,7''$ zurückgedreht.

---

[1]) Reh, Mech. Weberei S. 149.

Die Verbindung der einzelnen Punkte gibt die Grenzlinie des Exzenters für eine punktförmige Schlagrolle, die wir mit dem Radius derselben noch, so wie weiter oben beschrieben, rektifizieren müssen.

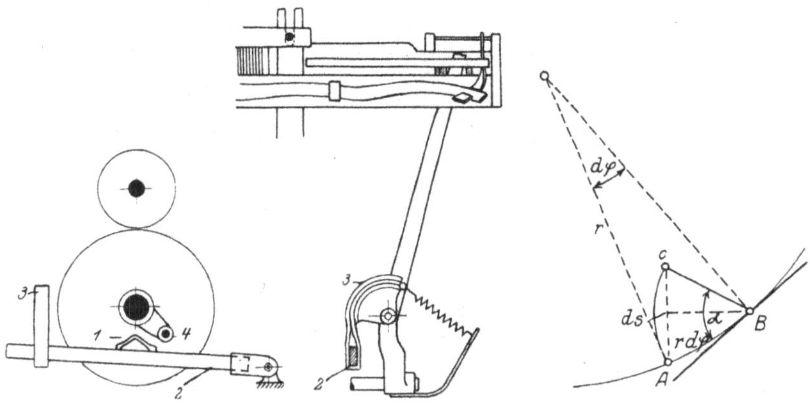

Abb. 121. Rolle mit Exzentertritt.

Abb. 122.
Berechnung des Exzentertrittes.

Es ist nur eine kinematische Umkehrung des Getriebes, wenn die Rolle *4* im Kreise sich bewegt und die unrunde Kurve *1* am Tritthebel *2* angebracht ist (Abb. 121).

Wenn die Rolle sich im Kreise AB bewegt, dann wird der Tritthebel mit einer Geschwindigkeit v um AC nach abwärts gedrückt, die sich folgendermaßen berechnen läßt (Abb. 122).

Es ist

$$AC = ds = 2\,r\,d\varphi\sin\frac{\alpha}{2}, \quad (62)$$

wobei r den Radius des Rollenkreises, $d\varphi$ den kleinen von der Rolle beschriebenen Winkel, α den Winkel zwischen Tangente des Rollenkreises und Tangente der unrunden Kurve im Punkte B bedeutet. Die Rolle betrachten wir als

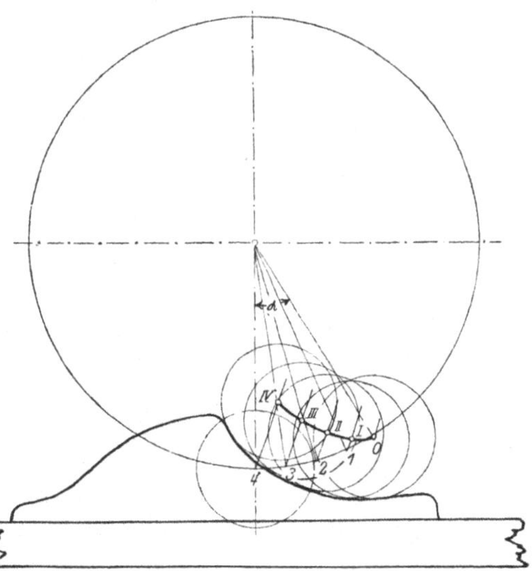

Abb. 123. Konstruktion des Exzentertrittes.

punktförmig, der von ihr beschriebene Weg ist: $AB = r\,d\varphi$, und aus Dreieck ACB folgt dann obige Gleichung.

Die momentane Geschwindigkeit der Kurve resp. des mit ihr verbundenen Trittes ist:

$$\frac{ds}{dt} = 2\,\frac{r\,d\varphi}{dt}\sin\frac{\alpha}{2} = 2\,r\,\omega\sin\frac{\alpha}{2}, \tag{63}$$

wo $\omega = \dfrac{d\varphi}{dt}$ die Winkelgeschwindigkeit der Rolle bedeutet.

Die Geschwindigkeit des Exzentertrittes hängt also von dieser Winkelgeschwindigkeit, ferner von dem veränderlichen Winkel α, also von der Gestalt der Kurve ab.

Zur Konstruktion der Kurve nehmen wir an, die Rolle sei in O angekommen (Abb. 123)[1]), wenn die Einwirkung auf die Kurve beginnt und dieselbe soll so lange dauern, bis sie den Punkt 4 erreicht hat. Wir teilen den Winkel α zwischen den zwei Endstellungen in eine beliebige Anzahl von gleichen Teilen und suchen jene Punkte der Kurve, die dieselbe bei den einzelnen Stellungen der Rolle besitzen muß.

Soll die ganze Senkung des Tritthebels z. B. um das Stück $4\,IV$ erfolgen, so muß derselbe einen Punkt IV besitzen, der sich bei Beginn der Bewegung um ebensoviel über 4 befindet, als die gewünschte Senkung beträgt. Diese Entfernung $4\,IV$ ist vertikal zu nehmen, wenn der Tritthebel sich vertikal auf und abbewegt und in einem Kreisbogen, wenn er sich, wie in Abb. 121 um den Drehpunkt des Hebels 2 dreht.

Erfolgt die Senkung des Hebels gleichförmig, dann ist die Entfernung $4\,IV$ in ebensoviel gleiche Teile zu teilen wie der Winkel α. Soll aber der Weg $4\,IV$ gleichförmig beschleunigt zurückgelegt werden, dann muß die Strecke $4\,IV$ in ungleichförmige Teile zerlegt werden, die sich wie $1:3:5:7$ verhalten, d. h. wir teilen die Strecke $4\,IV$ in 16 gleiche Teile und tragen als Senkungen für die Punkte $1, 2, 3, 4$, die Strecken

$$1\cdot\frac{4\,IV}{16}, \qquad 4\cdot\frac{4\,IV}{16}, \qquad 9\cdot\frac{4\,IV}{16}$$

auf, da dem Punkte 1 eine Senkung 1, dem Punkte 2 eine Senkung $1 + 3 = 4$, dem Punkte 3 eine Senkung $1 + 3 + 5 = 9$, dem Punkte 4 eine Senkung $1 + 3 + 5 + 7 = 16$ entspricht. Die Verbindung der so erhaltenen Punkte gibt die gewünschte Kurve.

Ein großer Fehler der Exzenter ist die große Reibung, die vom Druck zwischen Exzenter und Rolle abhängt und sie für raschere Bewegung ungeeignet macht. Ein weiterer Nachteil ist ihre kostspielige Herstellung, die eigene Modelle und oft separate Bearbeitung erfordert.

Wie aber das weite Feld ihrer Anwendung beweist, werden diese Nachteile durch die Möglichkeit einer beliebigen Bewegung in vielen Fällen aufgewogen.

---

[1]) Reh: Mech. Weberei S. 158.

Aus der Fülle von Anwendungen greifen wir einige charakteristische Beispiele heraus. Abb. 124 u. 125 zeigt zwei Exzenter für den Wagenantrieb bei Ringspinnmaschinen.

Wenn die Zeit zur Auf- und Abbewegung des Wagens sich wie $1 : n$ verhält, teilen wir den Umfang des Kreises in $n + 1$ Teile und benutzen n Teile für den Hub, einen für die Senkung. Jeden Teil des Umfanges sowie den Unterschied des größten und kleinsten Radius $r - r_0$ teilen wir in eine beliebige Anzahl, z. B. in 8 Teile, und zwar bei gleichförmiger Bewegung in gleiche (Abb. 124), bei gleichmäßig beschleunigter Bewegung in ungleiche (Abb. 125) Teile, die im Verhältnis $1 : 3 : 5 : 7 : 9$ stehen.

Die Teilungspunkte übertragen wir mit Kreisbogen auf die entsprechenden Radien und verbinden die Punkte mit einer fortlaufenden Kurve[1]).

Die Verbindung des Exzenters mit dem Wagen zeigt Abb. 126. Exzenter *1* drückt auf Tritthebel *2*, der um Zapfen *3* schwingt und Scheibe *4* auf- und abwärts bewegt. Letztere dreht mit Kette *5* Scheibe *6* und *7*, diese mit

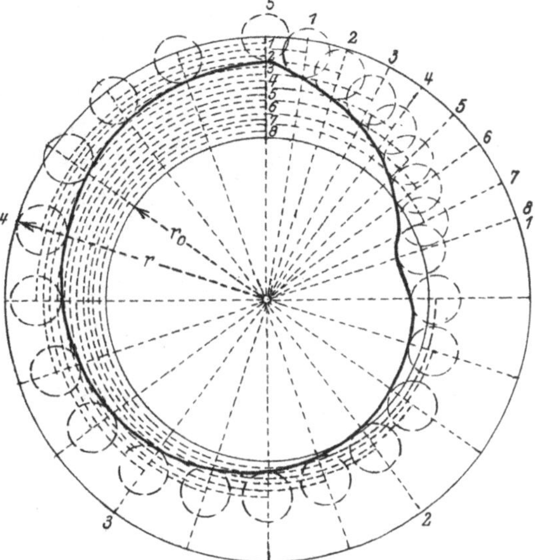

Abb. 124. Exzenter für Ringspinnmaschine.

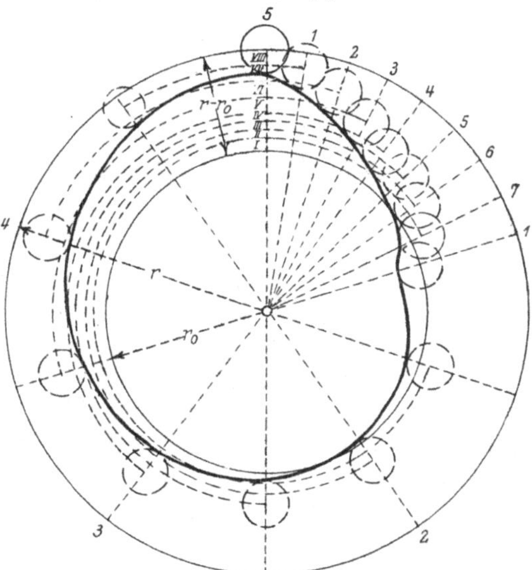

Abb. 125. Exzenter für Ringspinnmaschine.

Kette *8* Sektor *g* und durch Hebel *10* den Wagen *11*. Die Bewegung des Exzenters überträgt sich nach der Hebelübersetzung $\dfrac{n}{m}\dfrac{p}{q}\dfrac{r}{g}$ auf den Wagen.

---

[1]) Johannsen: Baumwollspinnerei S. 294 ff., ferner S. 288.

Eine ähnliche Bewegung ruft Exzenter *1* bei der **Flügelspinnmaschine** laut Abb. 127 hervor. An das Exzenter legen sich Rollen *2*
und *3*, die die Zahnstange *4* hin und her bewegen, welche die Zahnräder *5*
und *6* hin und her dreht und dadurch
die Zahnstangen *7* und *8* mit dem Wagen auf und ab bewegt.

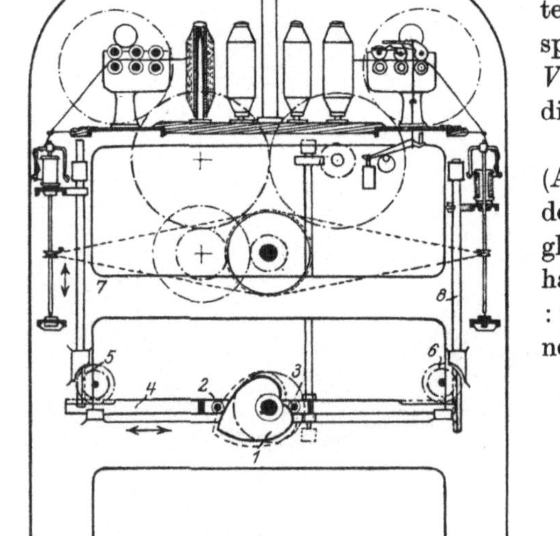

Abb. 126. **Exzenter und Wagenantrieb
bei Ringspinnmaschine.**

Die durch das Exzenter hervorge-
rufene alternierende Bewegung ist entweder gleichförmig, wenn die Spule
überall gleich dick sein soll, wie in
Abb. 128, oder ungleichförmig, an den
Enden der Spulen langsamer, in der
Mitte rascher, wenn die Spule eine
bauchige Gestalt bekommen soll, um
mehr Garn zu fassen (Abb. 128a). Im
ersten Falle teilen wir den Teil des
Kreisumfanges (Abb. 129), der einem
Hingange des Fadenführers
entspricht, in gleiche Teile, z.B.
in 8 Teile, in ebensoviel Teile
den Unterschied $(r - r_0)$ des
größten und kleinsten Exzenterradius und tragen die entsprechenden Teilpunkte *I* bis
VIII mittels Kreisbogen auf
die entsprechenden Radien.

Im anderen Falle teilen wir
(Abb. 129a) den Unterschied
der Exzenterradien in un-
gleiche Teile, die sich so verhalten wie 12 : 9 : 6 : 3 : 3 : 6
: 9 : 12, d. h. in sukzessiv kleiner und wieder größer wer-

Abb. 127. **Exzenter für Flügelspinnmaschine.**   Abb. 128 u. 128a. **Form der Spulen.**

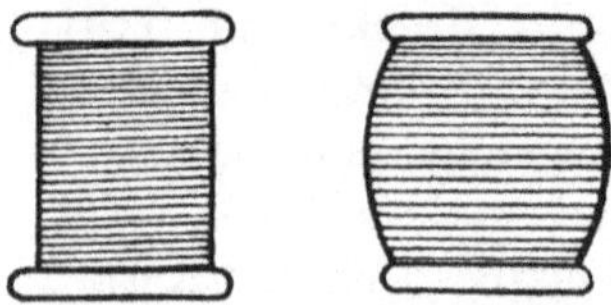

dende Teile und tragen diese Teilpunkte durch Kreisbogen auf die entsprechenden Radien. Zu beachten ist die Vermeidung der Totpunkte[1]).

---

[1]) Siehe **Reuleaux**: Kinematik II, S. 537.

Bei der Kämmaschine von Heilmann dienen zur Bewegung der einzelnen Organe zumeist Exzenter. Abb. 130 zeigt ein Exzen-

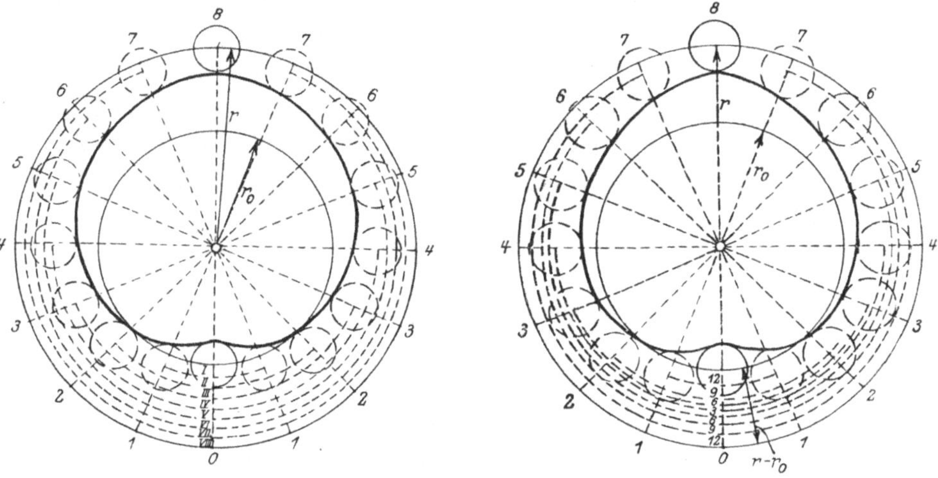

Abb. 129. Exzenter für Flügelspinnmaschine.

Abb. 129a. Dasselbe.

ter *1* zur Bewegung der Zange, das mittels Rolle *2* den Hebel *4* um Zapfen *3* hin und her schwingt und durch Stange *5* und Hebel *6* die Zangen *7* öffnet und schließt.

Spulmaschinen[1]) sind zur Bewegung des Fadenführers zumeist mit Exzentern versehen. Abb. 131 zeigt eine Kettenspulmaschine mit Exzenter *1*, an das sich zwei

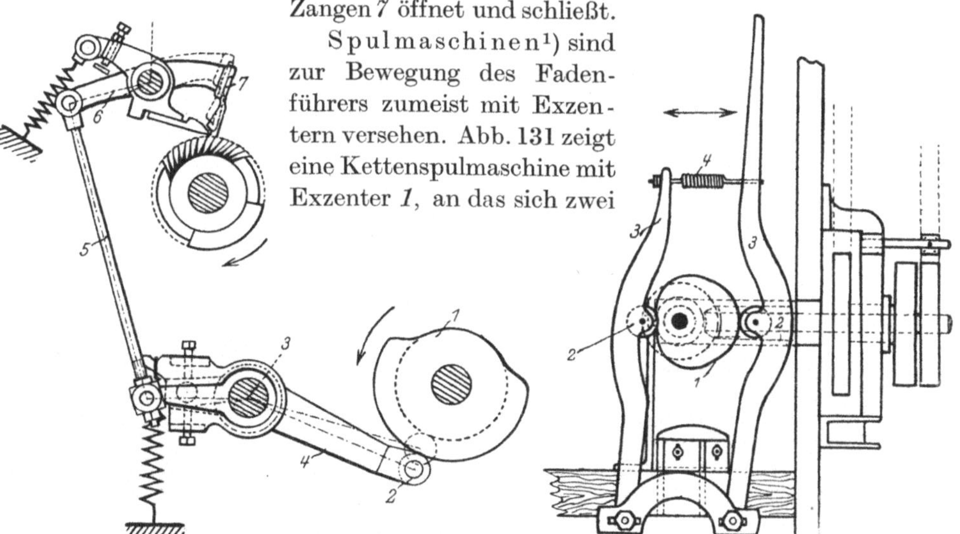

Abb. 130. Exzenter für Kämmaschine.

Abb. 131. Exzenter für Kettenspulmaschine.

Rollen *2* und Tritte *3* anlegen, die mit einer Feder *4* verbunden abwechselnd nach rechts und links schwingen.

---

[1]) Mikolaschek: Mech. Weberei I, S. 14.

Bei der **Schußspulmaschine** laut Abb. 132 bewegt Exzenter *1* die Rolle *2*, die den Hebel *3* und *4* auf und ab bewegt. An Hebel *4* sind so viel weitere zweiarmige Hebel *5* befestigt, als Spulen vorhanden, die Spindeln *6* derselben sind mit den Hebelenden ver-

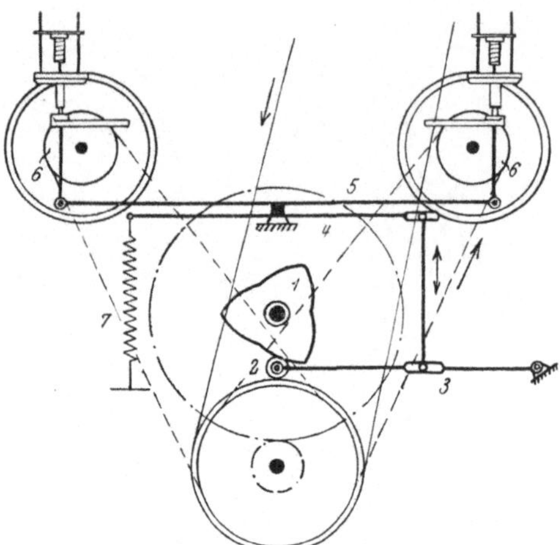

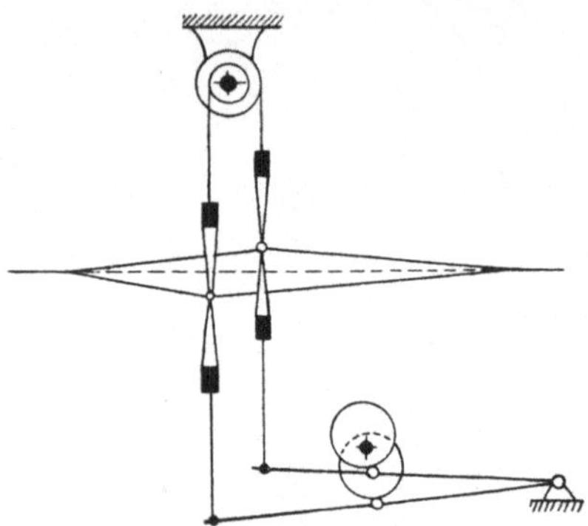

Abb. 132. Exzenter für Schußspulmaschine.

Abb. 133. Exzenter für Schaftbewegung.

bunden. Feder *7* drückt Rolle *2* stets an das Exzenter an.

Der **mechanische Webstuhl** macht von allen Textilmaschinen den ausgiebigsten Gebrauch von Exzentern.

So dienen zur **Bewegung der Schäfte** Exzenter, die bald unter den Schäften (Abb. 133), bald ober oder neben ihnen (Abb. 134) angebracht werden und deren Gestalt von der jeweiligen Art

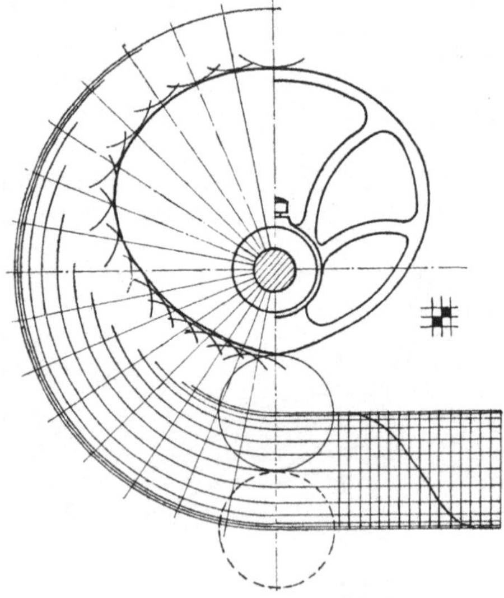

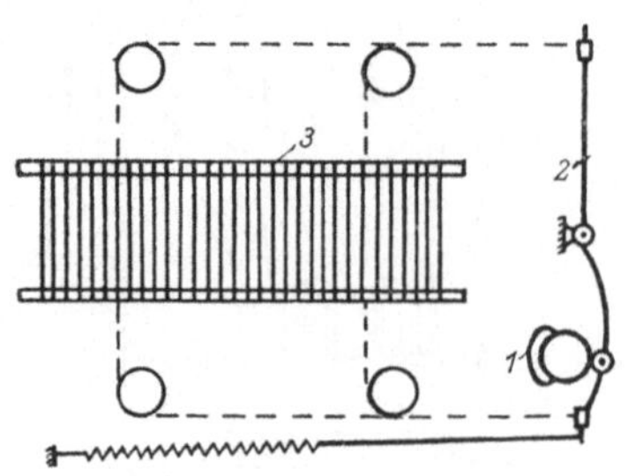

Abb. 134. Exzenter für Schaftbewegung.

Abb. 135. Exzenter für Leinwandbindung.

der Bewegung und von der gewünschten Bindung abhängt.

Abb. 135 bis 138 zeigen einige häufigere Exzenter[1]) für Leinwand,

---

[1]) **Mikolaschek:** Mech. Weberei II, S. 66—72.

dreibindigen, vierbindigen und verzierten Köper mit der entsprechenden Konstruktion.

Zur Bewegung der Messer und Platinenboden wendet man bei Jacquardmaschinen zwei Exzenter laut Abb. 139 an; das eine

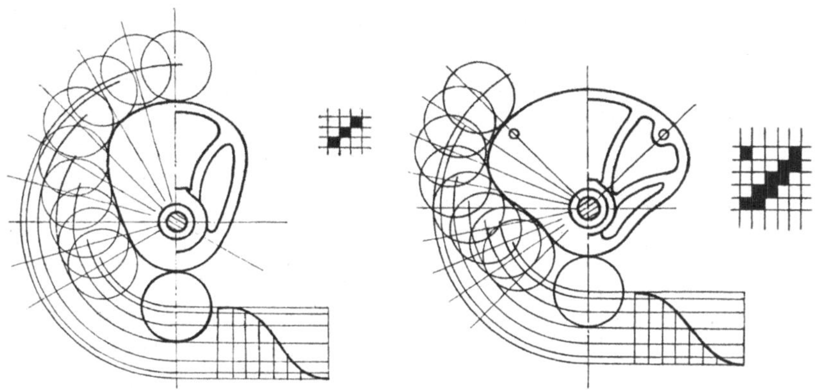

Abb. 136. Exzenter für 3bindigen Köper.　　　Abb. 137. Exzenter für 4bindigen Köper.

hebt die Platinen, der andere senkt den Platinenboden. Die verschiedene Gestalt und Aufkeilung bewirkt eine entgegengesetzte Bewegung der beiden Teile mit verschieden langen Stillständen.

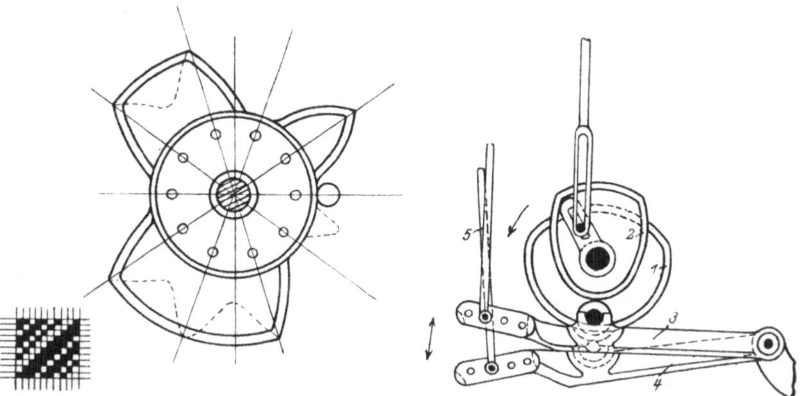

Abb. 138. Exzenter für verzierten Köper.　　　Abb. 139. Exzenter für Jacquardmaschinen.

Zur Bewegung der Lade dient manchmal ein Exzenter *1* laut Abb. 140, bei langsamerer Bewegung des Webstuhles und längerem Stillstand.

Soll die Lade bei einem Schuß zweimal anschlagen, dann wendet man ein Exzenter laut *4* in Abb. 140 an.

Zur Bewegung der Wechselladen beim Webstuhl dienen ebenfalls oft Exzenter *1* (Abb. 141), die mit Hebelübersetzung *2, 3* die Steigkästen *4* im richtigen Momente bewegen.

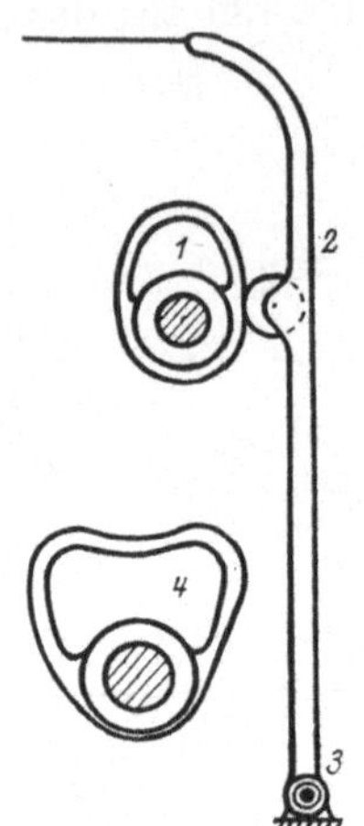

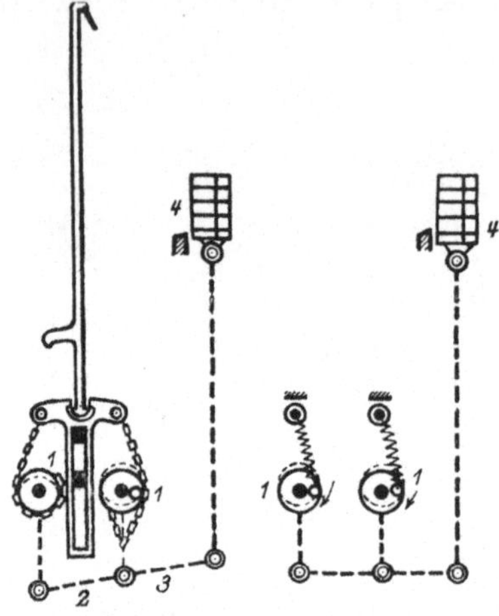

Abb. 140. Exzenter für
Ladenbewegung.

Abb. 141. Exzenter für Wechsellade.

Beim Revolverwechsel (Abb. 142) hebt Exzenter *1* den einarmigen Hebel *2*, der die Platinen *3* und durch Hebel *4* die Revolverkästen *5* bewegt. Exzenter finden wir bei den meisten Textilmaschinen in der einen oder anderen Gestalt. Ich erwähne als Beispiel die Nadeln *2* der **Kettenwirkmaschinen** (Abb. 143), die ihre horizontale Bewegung von eigentümlich gestuften Exzentern *1* erhalten, deren Gestalt von dem herzustellenden Muster und der gewünschten Bewegung abhängt[1]).

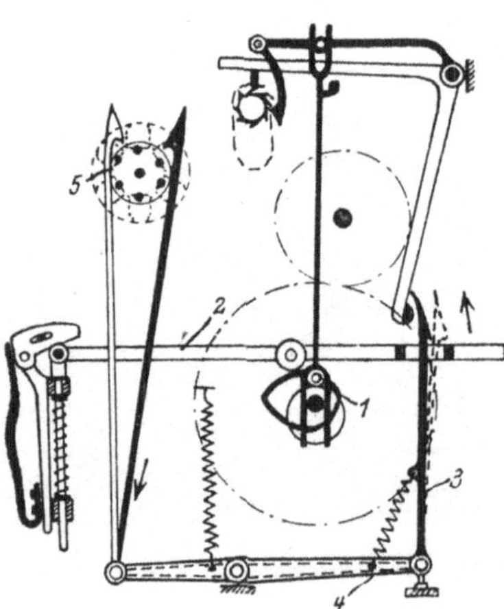

Abb. 142. Exzenter für Revolverwechsel.

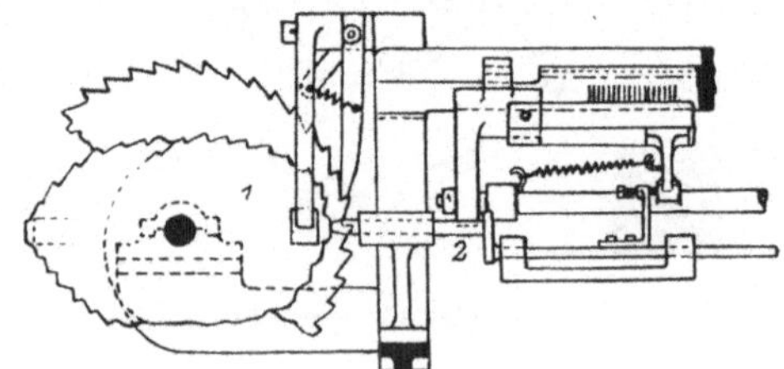

Abb. 143. Exzenter für Kettenwirkmaschine.

Bei **Appreturmaschinen** spielen die Exzenter eine weniger wichtige Rolle. Jedoch finden wir sie z. B. beim **Beetle Calander**, wo

[1]) Vgl. Leipziger Monatsschrift für Textilindustrie 1925, S. 117. W. Meister: Konstruktion des Exzenters zur Bewegung der Nadelbarre einer Pagetmaschine.

auf die auf eine Walze aufgewickelte Ware *2* durch Stössel *1* Schläge abgegeben werden (Abb. 144).

Zum Heben dieser Stössel dienen die Hubdaumen *4*, die auf der Welle *5* spiralförmig angeordnet sind und die entsprechenden Daumen der Stössel sukzessive anheben. Die Form der Daumen bestimmt man ebenso wie die Zähne der in Zahnstangen eingreifenden Getriebe.

Ein Fehler dieses Getriebes ist der Seitendruck, den der Daumen auf die Stössel ausübt. Es sei in Abb. 145 CN die Normale der Daumenkurve in C und ϱ der Reibungswinkel, dann ist die Richtung der Kraft, mit welcher der Daumen auf den Stössel wirkt, durch CG gegeben, die um den Winkel ϱ von der Normale abweicht.

Zerlegen wir diese Kraft in eine vertikale und horizontale Komponente, dann wird erstere den Stössel heben, letztere einen CF entsprechenden Seitendruck hervorrufen, der in den Führungen Reibungen und somit Arbeitsverlust erzeugt.

Wenn die Wellen des Exzenters und der Rolle sich kreuzen, dann gelangen wir zu einem schraubenförmigen Exzenter

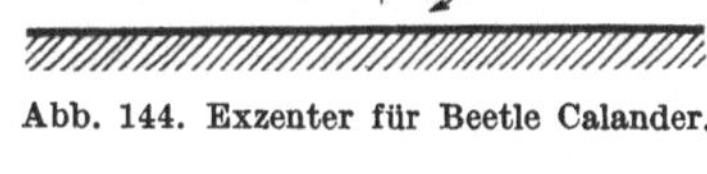

Abb. 144. Exzenter für Beetle Calander.

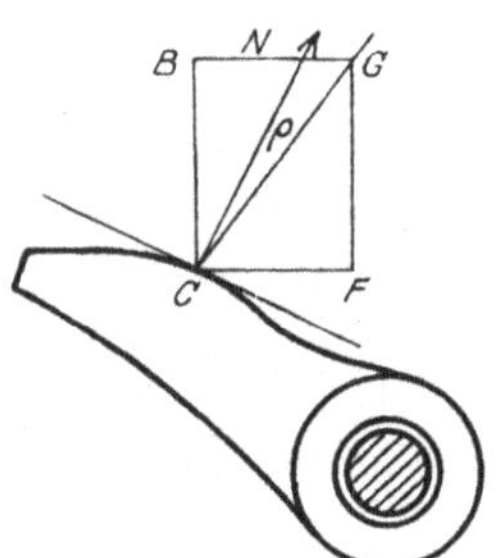

Abb. 145. Hebedaumen.

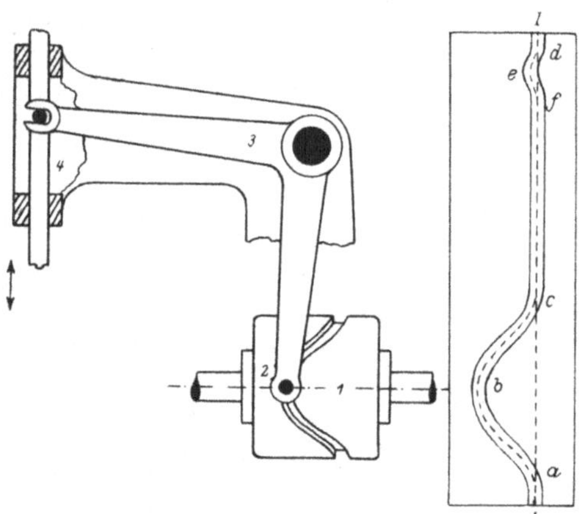

Abb. 146 u. 147. Exzenter mit Nut für Nähmaschine.

(Abb. 146) wie er z. B. bei der Nähmaschine von Howe zu finden ist[1].

---

[1] Weisbach: Ingenieur u. Maschinenmechanik III, 1, S. 830.

Wenn wir den Mantel des Exzenters abwickeln, dann nimmt die Nut die in der Abb. 147 gezeichnete wellenförmige Gestalt an.

Daraus ist ersichtlich, daß die Rolle so lange stillsteht, als die Nut in einer zur Achse senkrechten Ebene liegt, also abgewickelt eine zu I, I parallele Linie bildet. Die kleinere Abweichung der Kurve $d e f$ veranlaßt eine kleine Seitenbewegung der Rolle 2 und des Hebels 3, die größere Ausbiegung $c b a$ eine größere Seitenbewegung.

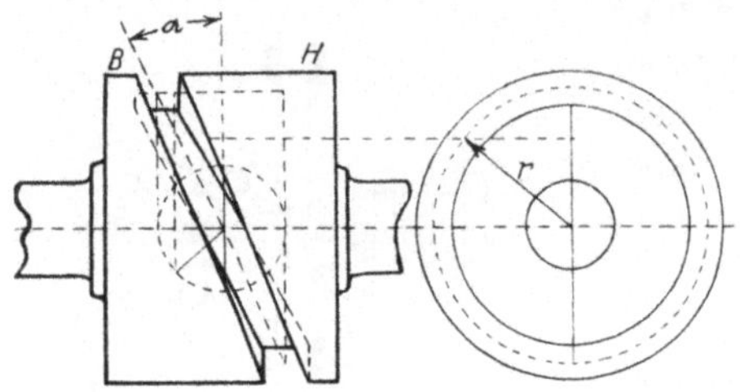

Abb. 148. Kreiszylinder mit schiefem Schnitt.

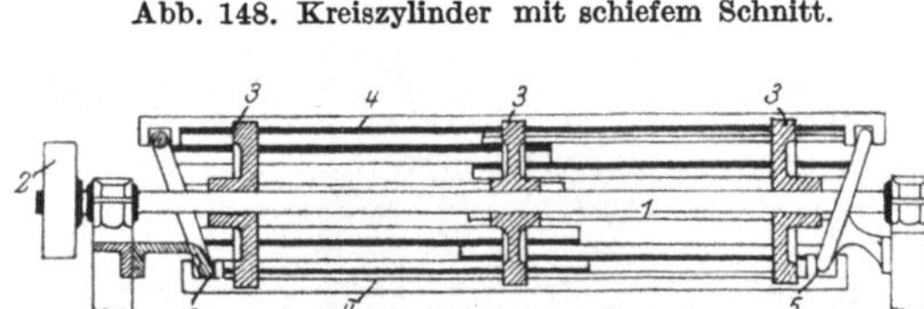

Abb. 149. Breithalter für Waren.

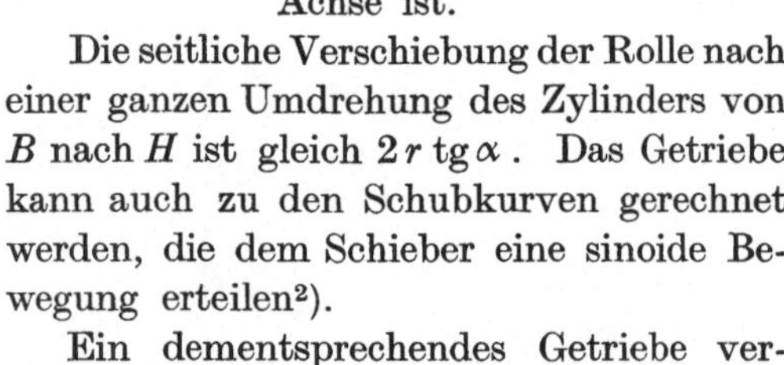

Abb. 150. Breithalter für Webstühle.

Ein ähnliches Exzenter erhalten wir, wenn wir einen Kreiszylinder mit einer schiefen Ebene schneiden. Die Schnittkurve ist eine Ellipse[1]), und die Nut, die derselben entspricht (Abb. 148), erteilt einer Rolle eine um so größere axiale Verschiebung, je größer der Radius r des Zylinders und der Neigungswinkel α der Schnittebene mit der Normalebene zur Achse ist.

Die seitliche Verschiebung der Rolle nach einer ganzen Umdrehung des Zylinders von B nach H ist gleich $2\,r\,\mathrm{tg}\,\alpha$. Das Getriebe kann auch zu den Schubkurven gerechnet werden, die dem Schieber eine sinoide Bewegung erteilen[2]).

Ein dementsprechendes Getriebe verwendet man bei Appreturmaschinen zum Breithalten der Waren (Abb.149)[1]). Die Welle 1 wird durch Scheibe 2 umgedreht und trägt drei Scheiben 3, deren Kränze mit rechteckigen Ausschnitten zur Aufnahme der Latten 4 versehen sind, die sich in zwei Gruppen nach rechts und links verschieben lassen.

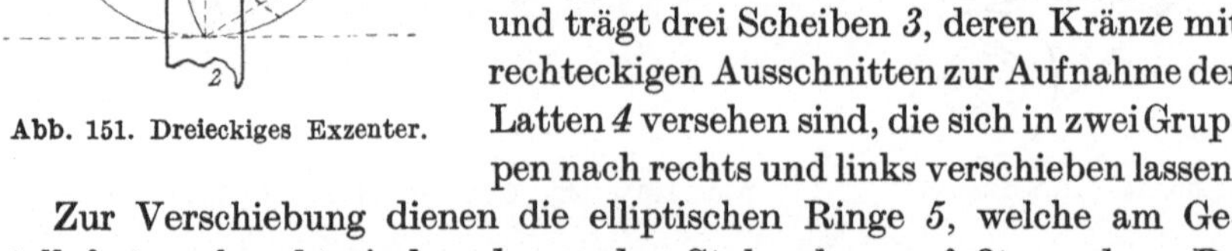

Abb. 151. Dreieckiges Exzenter.

Zur Verschiebung dienen die elliptischen Ringe 5, welche am Gestell festgeschraubt sind und von den Stabenden umfaßt werden. Da

---

[1]) Weisbach: Ingenieur u. Maschinenmechanik III, 1, S. 832 u. 833.
[2]) Reuleaux: Kinematik II, S. 548 ff.

die beiden Ringe in entgegengesetzter Richtung schräg stehen, werden die. Latten auseinandergezogen und üben dadurch auf die darüber geführte Ware eine ausstreichende Wirkung.

In ähnlicher Weise wirken die Breithalter am Webstuhle (Abb. 150), mit dem Unterschiede, daß hier die exzentrisch und schief gelagerten Stachelrädchen sich drehen und dadurch die Ware auseinanderziehen. Die exzentrische Lagerung hat den Zweck, daß die Spitzen beim Aufwärtsdrehen nach und nach in die Ware eintreten und sich beim Abwärtsdrehen aus derselben herausziehen sollen.

Seltener wendet man dreieckige Exzenter an, deren Seiten aus Kreisbögen zusammengesetzt sind und die sich in einer viereckig ausgeschnittenen Stange drehen (Abb. 151). Dieselben bilden höhere Elementenpaare, deren Polbahnen auf verschiedene Weise bestimmt werden können[1]).

Bewegt sich die Welle 1 um $^1/_6$ ganzer Umdrehung, dann geht Stange 2 zufolge Druckes der Seite $3\,4$ des Exzenters um $\dfrac{r}{2}$ nach abwärts, bei weiterer $^1/_6$ Umdrehung wieder um $\dfrac{r}{2}$ abwärts, wobei sich die Seiten 3 bis 4 und 4 bis 5 auf der Seite $6\,7$ des Vierecks gleitend abwälzen. Dann folgt bei $^1/_6$ Umdrehung Stillstand der Stange.

Bei der weiteren Umdrehung um $180°$ bewegt sich die Stange 2 in derselben Weise nach aufwärts.

Die Bewegung verläuft nach Art der Sinusbewegung, ohne daß in den Spitzen des Exzenterdreiecks Stöße entstehen.

Wenn wir von derjenigen Stellung ausgehen, in der eine Ecke 3 in der Richtung der Stange 2 liegt und das Dreieck um einen beliebigen Winkel α drehen, so ist die Verschiebung der Stange gleich der Projektion des Bogens $3\,4$ auf die Stange, also gleich

$$r - r\cos\alpha = r\,(1 - \cos\alpha)\,.$$

Die Geschwindigkeit der Stange während dieser Zeit ist:

$$v = r\sin\alpha\,\frac{d\alpha}{dt} = r\,\omega\sin\alpha\,, \tag{64}$$

wobei $r\,\omega$ die konstante Umfangsgeschwindigkeit der Ecke bedeutet. Dieselbe ist Null bei $\alpha = 0$ und erhält ihren maximalen Wert bei $\alpha = 60°$,

$$v_{\max} = r\,\omega\sin 60° = 0{,}866\,r\,\omega\,.$$

Während der zweiten Periode, entsprechend einer weiteren Drehung um $60°$, ist die Entfernung der Stange vom Anfangspunkte bei einem beliebigen Winkel $(60 + \alpha)$ gleich

$$\frac{r}{2} + r\cos(60 - \alpha)\,,$$

---

[1]) Wève: Cinématique S. 222. — Burmester: Kinematik S. 363. — Reuleaux: Kinematik I, S. 131.

die Geschwindigkeit also:

$$v_1 = r \sin(60 - \alpha)\,\frac{d\alpha}{dt} = r\omega \sin(60 - \alpha)\,. \tag{65}$$

Dieselbe beginnt bei $\alpha = 0$ mit demselben maximalen Werte

$$v_{\max} = r\omega \sin 60°$$

und sinkt auf den Wert 0.

Das Bewegungsdiagramm läßt sich aus diesen Werten leicht konstruieren und zeigt (Abb. 152), wie die Bewegung ohne Stöße ruhig verläuft.

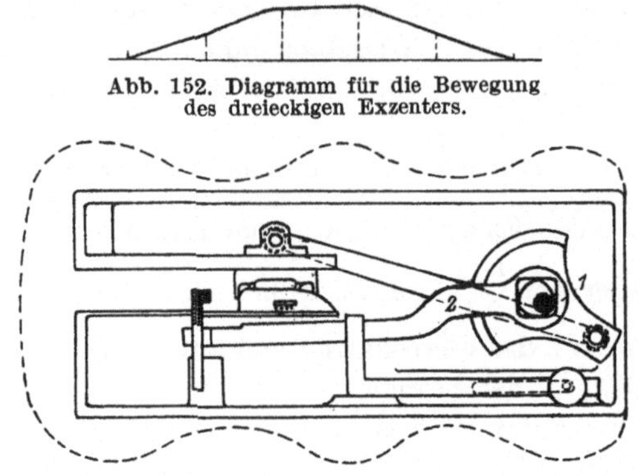

Abb. 152. Diagramm für die Bewegung
des dreieckigen Exzenters.

Abb. 153. Stoffschieber für Nähmaschine.

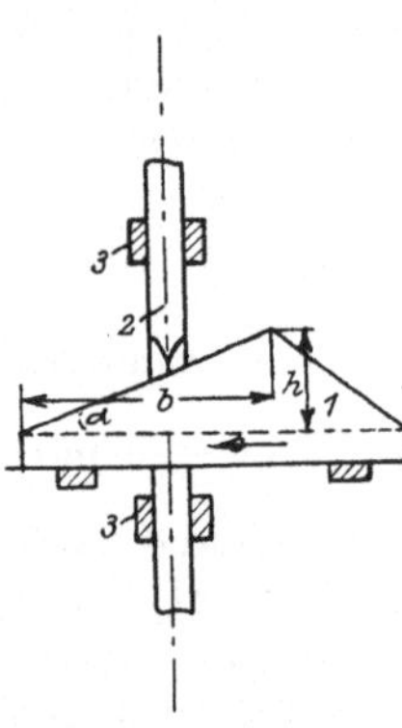

Abb. 154. Kurventrieb
mit schiefer Ebene.

Verwendung findet das Getriebe bei dem Ladenantrieb des Webstuhles nach Legros in Reims und zur Bewegung des Stoffschiebers der Nähmaschine von Singer (Abb. 153).

Nahe verwandt mit den Exzentern sind die Kurventriebe[1]).

Den einfachsten Fall stellt eine schiefe Ebene vom Winkel α dar (Abb. 154), die auf einer wagerechten Platte in der Richtung des Pfeiles verschoben wird und auf der eine keilartige Zunge 2 ruht, die in Führungen 3 gleitet und in dem Maße der horizontalen Verschiebung b eine vertikale erfährt, die gleich:

$$h = b \operatorname{tg} \alpha \tag{66}$$

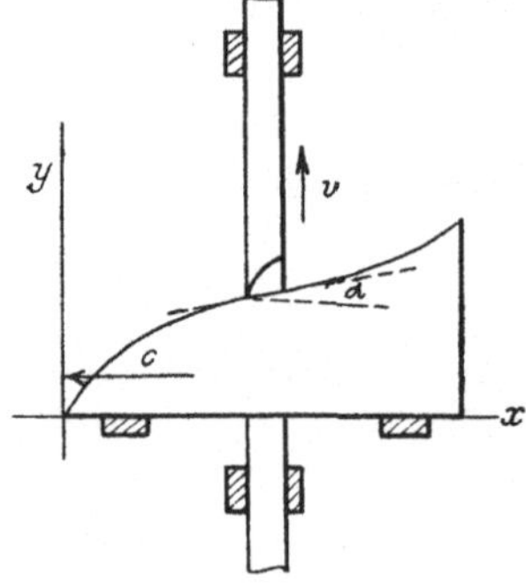

Abb. 155. Kurventrieb mit
beliebiger Form.

ist.

Wenn die Platte des Kurventriebes nach einer beliebigen Form gestaltet ist, dann erhält die Keilzunge eine vertikale Bewegung, die von der jeweiligen Form abhängt (Abb. 155).

---

[1]) Reuleaux: Kinematik II, S. 521 ff.

Die relative Verschiebung erhalten wir, wenn wir beiden Teilen eine dem Kurventrieb entgegengesetzte Bewegung erteilen. Dadurch kommt der Kurventrieb in Ruhe, während die Keilzunge entlang des Kurventriebes bewegt wird.

Hieraus folgt, daß die Grenzkurve des Kurventriebes, deren Gleichung durch eine beliebige Funktion $y = f(x)$ dargestellt sein kann, zugleich das Wegdiagramm darstellt, wenn die horizontale Verschiebung x der Zeit proportional ist, $x = c\,t$, denn dann ist die vertikale Verschiebung $y = f(c\,t)$.

Die Änderung der Geschwindigkeit ist dem Differentialquotienten von y gleich:

$$v = \frac{d\,y}{d\,x} = y' = f'(c\,t),$$

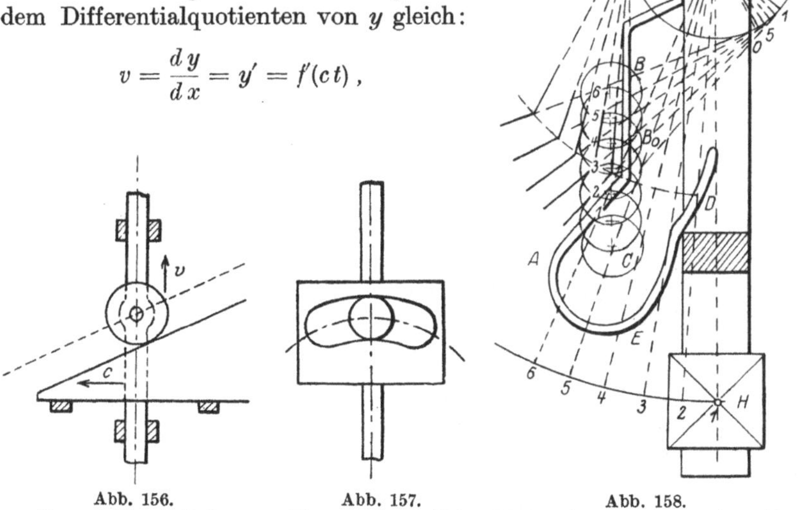

<table>
<tr><td>Abb. 156.
Kurventrieb mit Rolle.</td><td>Abb. 157.
Kurventrieb mit Nut.</td><td>Abb. 158.
Kartenprisma für Jacquardmaschine.</td></tr>
</table>

folglich ist die Geschwindigkeitskurve eine Differentialkurve der Grenzkurve des Kurventriebes.

Wenn $\dfrac{d\,y}{d\,x} = \infty$ ist, also die Tangente der Grenzkurve vertikal ist, dann müßte die Geschwindigkeit unendlich groß sein.

Da dies unmöglich ist, so sind die entsprechenden Punkte der Kurve Totpunkte.

Totpunkte treten aber schon dann auf, wenn die Tangente mit der Richtung der Verschiebung einen kleineren Winkel bildet, wie der Reibungswinkel.

Zur Verminderung der Reibung wendet man statt der Keilzunge Rollen an (Abb. 156) und zur Sicherung der Berührung zwischen Zunge und Kurventrieb Kraftschluß oder Paarschluß, letzteren in Form einer Nut (Abb. 157).

Die Kurventriebe sind eigentlich als Abwicklungen von Exzentern zu betrachten, mit denen sie den Nachteil der großen Reibung gemeinschaftlich besitzen und deshalb nur in selteneren Fällen Anwendung finden.

Als Beispiele ihrer Anwendung können wir vor allem die Bewegung des Prismas an der Jacquardmaschine anführen (Abb. 158). Von dem obigen Kurventriebe unterscheidet er sich insofern, als die gebogene Platte $BAED$, deren Teil von A bis B_0 einer schiefen Ebene entspricht, keine geradlinige, sondern eine bogenförmige Bewegung um den

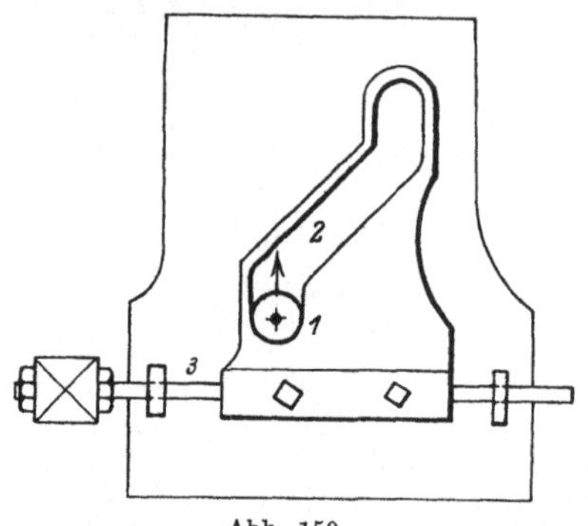

Abb. 159.
Kartenprisma für Jacquardmaschine.

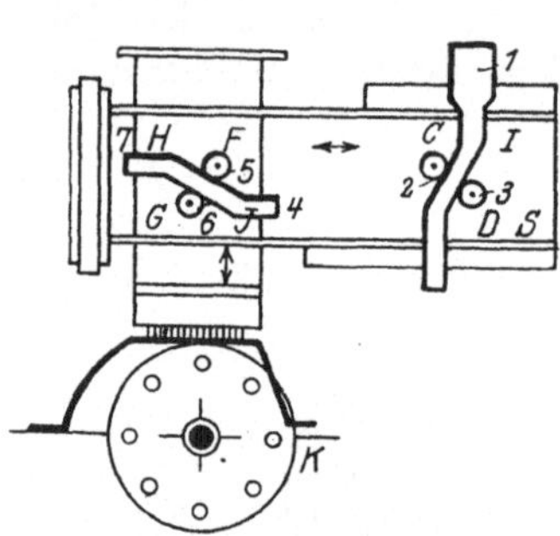

Abb. 160.
Kurventrieb für Verdolmaschine.

fixen Drehpunkt O ausführt; dieselbe beginnt langsam und nimmt an Geschwindigkeit immer mehr zu, gegen Ende wieder ab. Verursacht wird die Bewegung durch Auf- und Abbewegung der Rolle C, die mit ·dem Messerkasten in starrer Verbindung steht. Das Ganze ist also eine Umkehrung des eigentlichen Kurventriebes.

Eine ähnliche Anordnung zur Bewegung des Kartenprismas zeigt Abb. 159, wo Rolle *1* in Nut *2* auf und ab bewegt wird und dadurch die schiefe Ebene der Nut hin und her bewegt.

Ein Kurventrieb, bestehend aus zwei schiefen Ebenen, ist bei der Verdolmaschine zu finden (Abb. 160).

Messerrahmen *1* bewegt beim Auf- und Abwärtsgang die Rollen *2, 3* in horizontaler Richtung und mit ihnen den Schlitten *4* und die Rollen *5, 6*. Letztere übertragen ihre horizontale Bewegung auf die schiefe Ebene *7*, die in vertikale Bewegung versetzt wird. Es treibt also einmal der Kurventrieb die Rolle, dann die Rolle einen zweiten Kurventrieb.

Da die Bewegungen sehr klein sind, bewirkt die doppelte Reibung keinen größeren Nachteil.

Bei Strumpfstrickmaschinen (Abb. 161) werden die Nadeln *2* durch zwei Kurventriebe in der Form von schiefen Ebenen bewegt. Wenn Dreieck *1* gehoben ist, dann ist das Schloß gesperrt, und es erfolgt keine Bewegung.

Der **Fadenführer am Selfaktor** beruht ebenfalls auf dem Prinzip des Kurventriebes. Eine Rolle gleitet auf der keilförmigen Schiene, der „Coppingplate", die zuerst ansteigt und dann fällt. Die Folge davon ist eine rasche Senkung und dann eine langsame Hebung des Fadenführers, da durch einen zweiarmigen Hebel die Bewegung der Rolle umgekehrt wird.

Um die **Gestalt der Leitschiene** näher zu bestimmen, denken wir uns die (punktförmige) Rolle, von der obersten Lage der Leitschiene ausgehend, auf dem abfallenden Ast derselben abrollen und legen ein rechtwinkliges Koordinatensystem XY durch den obersten Punkt 0 derselben (Abb. 162).

Die Bewegung des Fadenführers, die streng genommen, bogenförmig ist, betrachten wir näherungsweise als geradlinig. (Fig. 164.)

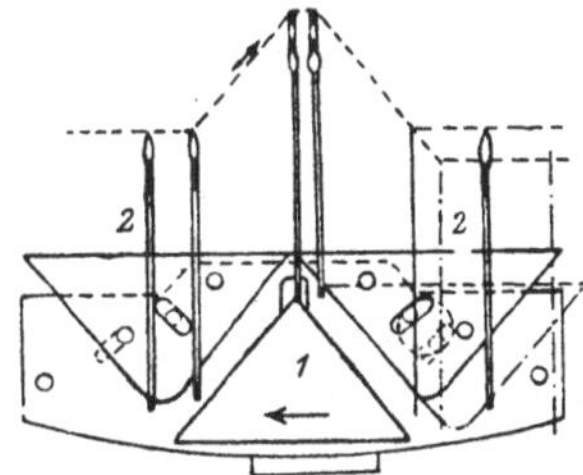

Abb. 161.
Kurventrieb für Strumpfstrickmaschinen.

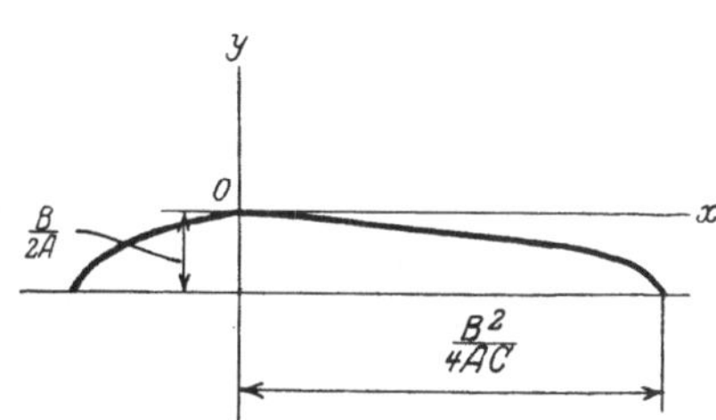

Abb. 162.
Fadenführer und Coppingplate beim Selfaktor.

Wir bestimmen vor allem die Geschwindigkeit des Fadenführers v_1 als Funktion der Zeit t. Legt der Wagen des Selfaktors den Weg x zurück, dann bewegt sich der Fadenführer um das Stück y nach aufwärts. Der Wagengeschwindigkeit $c = \dfrac{dx}{dt}$ entspricht die Fadenführergeschwindigkeit:

$$v_1 = \frac{dy_1}{dt}. \tag{67}$$

(Abb. 163.)

Wenn auf den Kötzer eine Windung gespult wird, dann muß der Fadenführer um den Fadendurchmesser δ steigen, vorausgesetzt, daß der Faden nicht plattgedrückt wird.

Bezeichnen wir den Durchmesser des Kötzers mit r, seinen Umfang mit $2\,r\pi$, so können wir folgende Proportion aufstellen:

$$v_1 : c = \delta : 2\,r\pi, \qquad \text{oder} \qquad v_1 = \frac{c\,\delta}{2\,r\pi}. \tag{68}$$

d. h. die vertikale Fadenführergeschwindigkeit v_1 ist der Fadendicke und Wagengeschwindigkeit direkt, dem Kötzerradius aber indirekt proportional.

Um ein Bild der wechselnden Fadenführergeschwindigkeit zu erhalten, tragen wir ihre veränderlichen Werte neben dem Kötzer auf die Achse des Kötzers senkrecht als Ordinaten auf, verbinden die Endpunkte derselben durch eine Kurve und erhalten so ein Diagramm von v_1.

Der Zusammenhang zwischen v_1 und r bleibt auch dann bestehen, wenn der Wagen nicht gleichförmig, sondern, wie es tatsächlich der Fall ist, mit wechselnder Geschwindigkeit einfährt, da sich die Spulenumdrehungen dieser wechselnden Geschwindigkeit anpassen und immer so viel Garn aufnehmen, als durch die Einwärtsbewegung des Wagens frei geworden ist.

Es ist also auch in diesem Falle:

$$v_1 : c = \delta : 2\,r\,\pi\,,$$

wobei jedoch $c = \dfrac{d\,x}{d\,t}$ nicht konstant, sondern veränderlich zu nehmen ist. Wenn wir diese Gleichung folgend schreiben:

$$v_1 : c = \frac{d\,y_1}{d\,t} : \frac{d\,x}{d\,t} = \delta : 2\,r\,\pi\,,$$

so folgt nach Kürzung mit $d\,t$:

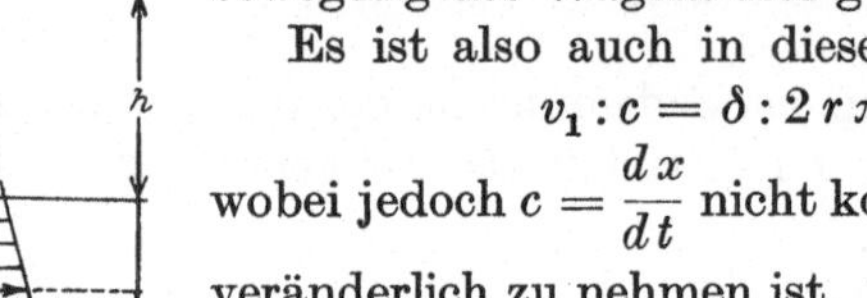

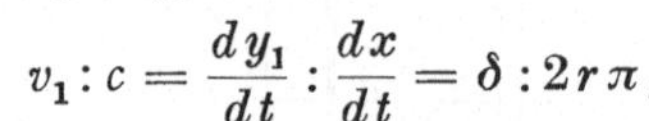

Abb. 163. **Fadenführerbewegung beim Selfaktor.**

$$\frac{d\,y_1}{d\,x} = \frac{\delta}{2\,r\,\pi}\,, \tag{69}$$

d. i. die vertikale Fadenführergeschwindigkeit mit Bezug auf den Weg x des Wagens ist dem Fadendurchmesser direkt, dem Kötzerradius indirekt proportional.

Den Kötzerradius drücken wir nun laut Abb. 163 folgendermaßen aus. Wenn r_0 den Radius an der Basis des Kötzers, y_1 die vertikale Entfernung von r_0 und r, α den halben Spitzenwinkel des Kötzers bedeutet, so ist:

$$r = r_0 - y_1 \operatorname{tg} \alpha\,, \tag{70}$$

daher:

$$\frac{d\,y_1}{d\,x} = \frac{\delta}{2\,\pi\,(r_0 - y_1 \operatorname{tg}\alpha)}\,, \tag{71}$$

wobei wir

$$v_1 = \frac{d\,y_1}{d\,t} = \frac{d\,y_1}{d\,x} \cdot \frac{d\,x}{d\,t} = \frac{d\,y_1}{d\,x}\,c$$

als aufwärts gerichtete Geschwindigkeit als positiv betrachten.

Die Leitrolle bewegt sich zufolge der Hebelübersetzung $\dfrac{p}{g}$ in entgegengesetzter Richtung, also mit negativer Geschwindigkeit $v = \dfrac{d\,y}{d\,t}$ und in verkleinertem Maße, so daß ihre vertikale Verschiebung y durch folgende Gleichung auszudrücken ist:

$$y = -\frac{g}{p}\,y_1\,, \qquad \text{oder} \qquad y_1 = -\frac{p}{g}\,y \tag{72}$$

und ihre Geschwindigkeit v durch folgende Gleichung:

$$v = \frac{dy}{dt} = -v_1 \frac{g}{p} = \frac{\frac{g}{p} c \delta}{2 \pi (r_0 - y_1 \operatorname{tg} \alpha)} = \frac{-\frac{g}{p} c \delta}{2 \pi \left(r_0 + \frac{p}{g} y \operatorname{tg} \alpha\right)} . \qquad (73)$$

Die Geschwindigkeit der Leitrolle mit Bezug auf den Wagenweg x ist $\frac{dy}{dx}$, dies in Verbindung mit obiger Gleichung gibt:

$$\frac{dy}{dx} = \frac{\frac{dy}{dt}}{\frac{dx}{dt}} = \frac{-\frac{g}{p} \delta}{2 \pi \left(r_0 + \frac{p}{g} y \operatorname{tg} \alpha\right)} , \qquad (74)$$

oder dieselbe Gleichung in etwas anderer Gestalt:

$$2 r_0 \pi \, dy + \frac{2 \pi p}{g} \operatorname{tg} \alpha \, y \, dy + \frac{g}{p} \delta \, dx = 0 . \qquad (75)$$

Nach Integration dieser Gleichung folgt, da die Integrationskonstante wegen $y = 0$, bei $x = 0$, ebenfalls Null ist:

$$2 r_0 \pi y + \frac{\pi p \operatorname{tg} \alpha}{g} y^2 + \frac{g}{p} \delta x = 0 . \qquad (76)$$

Wenn wir die Faktoren $\frac{\pi p \operatorname{tg} \alpha}{g}$ $2 r_0 \pi$, $\frac{g}{p} \delta$ kurz mit A, B, C bezeichnen, können wir diese Gleichung folgend schreiben:

$$A y^2 + B y + C x = 0 . \qquad (77)$$

Dies ist die Gleichung einer Parabel, die durch den Koordinatenursprung geht, deren Achse der X-Achse parallel verläuft und deren Scheitelpunkt in vertikaler Richtung um $-\frac{B}{2A}$, in horizontaler um $\frac{B^2}{4AC}$ gegen den Anfangspunkt verschoben ist. (Abb. 162.)

In ähnlicher Weise erhalten wir für den ansteigenden Teil der Leitschiene eine analoge Gleichung, wobei wir berücksichtigen, daß jetzt die Fadenführergeschwindigkeit positiv ist:

$$A' y^2 + B' y + C' x = 0 , \qquad (78)$$

also wieder die Gleichung einer Parabel, deren Öffnung der früheren entgegengesetzt liegt, und die ebenfalls nach oben schwach gewölbt ist.

Die spezielle Form der Parabeln hängt von den konstanten Größen $A B C$ resp. $A' B' C$ ab und läßt sich auf Grund obiger Gleichung leicht bestimmen.

Ist aber die Gleichung der Parabel bekannt, dann kann man dieselbe punktweise mit jeder beliebigen Genauigkeit konstruieren.

Gewöhnlich bestimmt man die Leitschiene näherungsweise folgendermaßen[1]) (Abb. 164). Wir teilen die Höhe h des Garnkörpers in 4 gleiche Teile $= \dfrac{h}{4}$ und bezeichnen die mittleren Durchmesser der einzelnen Zonen des Garnkörpers mit d_1, d_2, d_3, d_4, die sich wie $5:4:3:2$ verhalten.

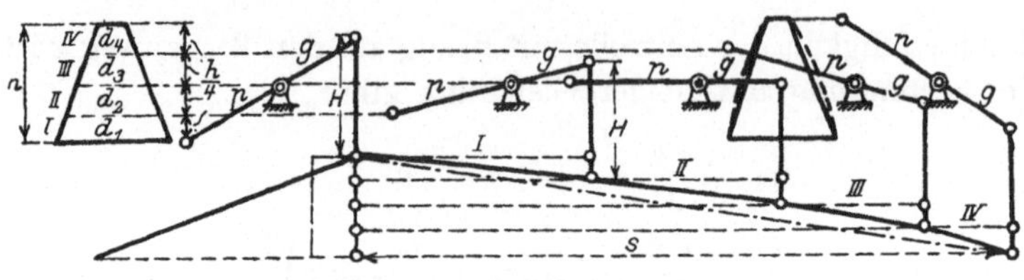

Abb. 164. Kötzerwicklung beim Selfaktor.

Den Weg s des Wagens in horizontaler Richtung teilen wir in: $5 + 4 + 3 + 2 = 14$ gleiche Teile und nehmen

$$\frac{5}{14}\,s\,, \qquad \frac{4}{14}\,s\,, \qquad \frac{3}{14}\,s\,, \qquad \frac{2}{14}\,s$$

für die einzelnen Zonen I, II, III, IV; d. h. solange der Wagen den Weg $I = \dfrac{5}{14}\,s$ zurücklegt, wird das Garn auf den mittleren Durchmesser d_1 gewickelt, bei $II = \dfrac{4}{14}\,s$ auf d_2 usw.

Wir zeichnen nun den Garnführer in den entsprechenden Anfangslagen für die einzelnen Zonen I, II, III, IV, V mit jener Höhenlage, die den Stellungen desselben in den einzelnen Lagen entspricht und tragen überall die Länge H der Verbindungsstange auf, wodurch wir die einzelnen Punkte der Leitschiene erhalten, die wir durch eine fortlaufende Kurve verbinden.

Die so erhaltene Kurve gibt den Weg des Mittelpunktes der Rolle, die eigentliche Leitschienenkurve ist eine äquidistante Kurve in der Entfernung des Rollenradius.

III. Getriebe für zusammengesetzte Bewegungen.

Für die meisten Zwecke der Textilindustrie genügen die bis jetzt geschilderten Triebe zur Erzeugung von Drehungen, fortschreitenden und schwingenden Bewegungen. In selteneren Fällen müssen die einfachen Bewegungen zusammengesetzt oder noch kompliziertere Bewegungen erzeugt werden, die höhere Punktbahnen ergeben.

1. Zusammensetzung von Drehungen.

Wir behandeln vorerst den einfachsten Fall, die Zusammensetzung von Drehungen um zwei parallele Achsen. Hierher gehören die sog.

---

[1]) Johannsen: Die Baumwollspinnerei S. 360.

Differentialwerke, die bei Flyern eine wichtige Rolle spielen und uns in den Stand setzen, zu einer konstanten Tourenzahl eine variable zu addieren und die Summe beider gemeinsam fortzuleiten.

Die Grundlage aller Differentialwerke beruht auf dem sog. Umlaufrad oder Planetenrade, welches in einfachster Ausführung in Abb. 165 skizziert ist.

Mit dem feststehenden Rad *1* kämmt das gleich große Rad *2*, welches in Steg *3* gelagert ist und mit demselben um Achse *1* herumgeführt wird.

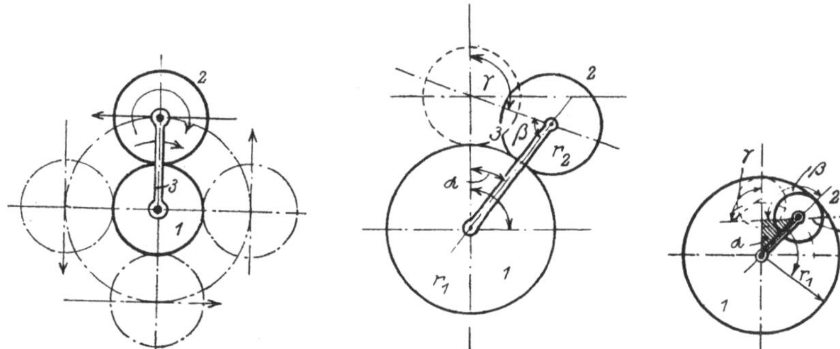

<table>
<tr><td>Abb. 165. Umlaufrad mit äußerer
Verzahnung.</td><td>Abb. 166. Umlaufrad mit
äußerer Verzahnung.</td><td>Abb. 167. Umlaufrad mit
innerer Verzahnung.</td></tr>
</table>

Würde man Rad *2* um 360° einmal herumdrehen, so würde auch Rad *1* eine Umdrehung um seine Achse vollführen.

Erteilen wir Rad *1* eine einmalige, entgegengesetzt gerichtete Umdrehung um seine Achse, so kehrt es in seine ursprüngliche Lage zurück, während Rad *2* um seine Achse nochmals eine volle Umdrehung in demselben Sinne erleidet.

Dasselbe findet statt, wenn wir Rad *1* von vornherein so festhalten, daß es sich nicht drehen kann und Rad *2* einmal ganz herumschwenken. Letzteres Rad dreht sich dann zweimal um seine Achse.

Ist die Größe der beiden Räder verschieden (Abb. 166), und wird Steg *3* um Winkel α nach rechts gedreht, so wälzt sich Rad *2* auf Rad *1* und dreht sich um Winkel β, so daß die den Winkeln α, β entsprechenden Wälzbogen am Umfang gleich sind, also $r_1 \alpha = r_2 \beta$, oder

$$\beta = \alpha \frac{r_1}{r_2}, \tag{79}$$

wenn r_1, r_2 die betreffenden Radien sind.

Rad *2* hat sich zufolge dieser Abwälzung um seine eigene Achse um den Winkel $\gamma = \alpha + \beta$ gedreht und zwar um $\sphericalangle \alpha$ zufolge der Schwenkung, um $\sphericalangle \beta$ zufolge der Abwälzung.

Das Übersetzungsverhältnis der Winkeldrehungen von Rad *2* und Steg *3* ist:

$$i = \frac{\alpha + \beta}{\alpha} = 1 + \frac{\beta}{\alpha} = 1 + \frac{r_1}{r_2} \,. \tag{80}$$

Wenn $r_1 = r_2$ ist, so ist $i = 1 + 1 = 2$, so wie wir früher gesehen. Wenn, wie in Abb. 167, das eine Rad innenverzahnt ist, dann sind Winkel α und β entgegengesetzt gerichtet und das Übersetzungsverhältnis ist:

$$i = \frac{\beta - \alpha}{\alpha} = \frac{\beta}{\alpha} - 1 = \frac{r_1}{r_2} - 1 \,. \tag{81}$$

Ein typisches Planetenradgetriebe zeigt die Zwirnmaschine (Abb. 168) zum Zu-

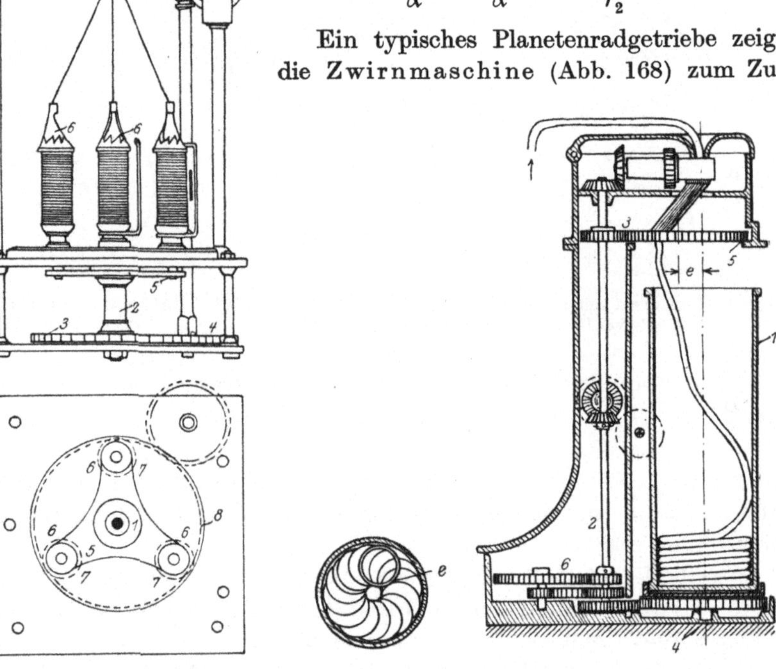

Abb. 168. Zwirnmaschine.   Abb. 169. Topf bei Karden.

sammendrehen von zwei- oder dreifachen Fäden zu Strängen und drei solcher Stränge zu Schnuren. Die feste Welle *1* trägt die drehbare Röhre *2*, die durch Zahnräder *3*, *4* stetig umgedreht wird. Auf dem oberen Ende enthält diese Röhre einen dreiarmigen Stern *5* mit drei Zapfen, auf denen sich Spulen *6* drehen, die mit zwei oder drei Garnen parallel bewickelt sind. Jede Spule ist unten mit einem Zahnrad *7* versehen, das in die innere Verzahnung der Platte *8* eingreift. Dreht sich eine Spule im Sinne des Pfeiles einmal rechts um die Welle *1*, dann wird sie gleichzeitig mit $\dfrac{z_2}{z_1}$ Umdrehungen in entgegengesetztem Sinne um die eigene Achse gedreht, wenn z_1, z_2 die Zähnezahlen von 7 und 8 bedeuten. Die Garnfäden in jedem Strange sind um $\frac{z_2}{z_1} - 1$ Drehungen links gewunden, zufolge der gleichzeitigen Rechtsdrehung um Welle 1 und $\frac{z_2}{z_1}$ maligen Linksdrehung um die Spulenachse. Ist z. B. $z_1 = 18$, $z_2 = 84$, so ist

$$\frac{z_2}{z_1} = \frac{84}{18} = 4\tfrac{2}{3}, \qquad \text{und} \qquad \frac{z_2}{z_1} - 1 = 3\tfrac{2}{3},$$

so daß auf jede rechte Drehung der Stränge $3\tfrac{2}{3}$ linke Drehungen der Garnfäden kommen.

Das Abziehen der fertigen Schnur erfolgt durch kleine Walzen 10, die durch eine Schraube ohne Ende langsam umgedreht werden, mit größerer oder kleinerer Geschwindigkeit, je nach der Steilheit der Schraubenwindungen der Schnur.

Ein weiteres Beispiel von Zusammensetzung zweier Drehungen zeigt die Legung der Lunten in den Töpfen der Streckwerke für Baumwollspinnerei (Abb. 169). Topf 1 erhält von Welle 2 durch mehrmalige Zahnradübersetzung 6 eine langsame Drehung um Zapfen 4, während Deckel 5 von Zahnrad 3 ebenfalls in Drehungen versetzt wird um ein Zentrum, das um die Größe der Exzentrizität e vom Zapfen 4 entfernt ist.

Zufolge der Zusammensetzung dieser zwei Rotationen um parallele Achsen wird die Lunte in regelmäßigen Schleifen gelagert.

Wenn wir nämlich dem Topf und dem Deckel eine der ursprünglichen Rotation des Topfes entgegengesetzte Rotation erteilen, dann kommt der Topf in Ruhe, der Deckel aber dreht sich sowohl um die eigene wie um die Achse des Topfes, vollführt also eine Epi- resp. Hypozykloidenbewegung. Bei der Epizykloidenbewegung, die erfolgt, wenn Topf und Teller sich in entgegengesetztem Sinne drehen, verhalten sich die Radien r_1, r_2 des Grund- und Rollenkreises umgekehrt wie die Tourenzahlen des Topfes und des Deckels n_1 und n_2 (Abb. 170).

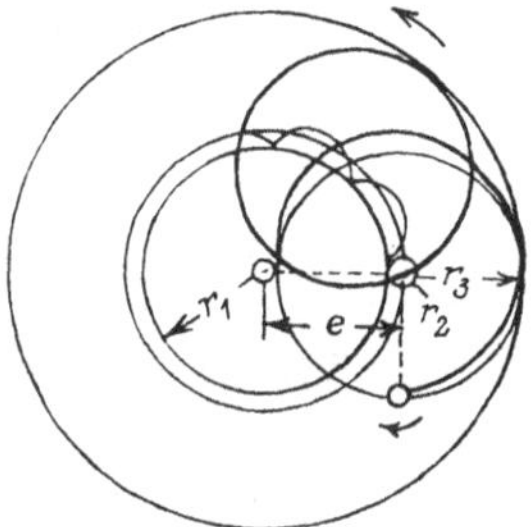

Abb. 170. Topf bei Karden.

Es folgt nämlich aus einem Satze der Mechanik, daß bei Zusammensetzung von Drehungen um parallele Achsen, die Achse der resultierenden Drehbewegung, in diesem Falle die Momentanachse der Epizykelbewegung — der Berührungspunkt von Grund- und Rollenkreis, den Abstand der beiden Achsen im umgekehrten Verhältnis der Winkelgeschwindigkeiten teilt.

Es ist also $\frac{r_1}{r_2} = \frac{n_2}{n_1}$. Jeder Punkt des Tellers außerhalb des Rollkreises, also auch die Mündung in der Entfernung r_3 vom Mittelpunkte desselben, beschreibt eine verlängerte Epizykloide, die in der Abbildung stärker ausgezogen ist.

Bei gleicher Drehrichtung von Teller und Topf entspricht die relative Bewegung dem innerlichen Abwälzen des Rollkreises auf dem festen Grundkreise, so daß in diesem Falle die Schleifen der Bänder verlängerte Hypozykloiden bilden.

Eine ähnliche Zusammensetzung zweier Drehungen findet man bei Rauhmaschinen, deren Walzen *3* und *4* um die Hauptwelle *1*

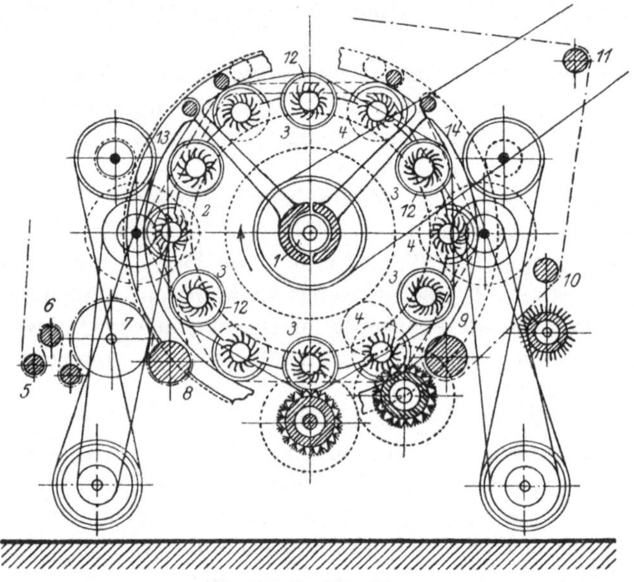

Abb. 171. Rauhmaschine.

herumgeführt werden, wobei sie durch Riemen um ihre eigene Achse gedreht werden. Bei den Strichwalzen *3* stehen die Zahnspitzen in der Drehrichtung der Rauhtrommel *1* und der Laufrichtung der Ware, die über sämtliche Walzen geführt wird, bei den Gegenstrichwalzen *4* stehen sie entgegengesetzt (Abb. 171)[1].

Das Gewebe geht über Spannwalzen *5*, *6*, die Heizwalze *7*, nach der Zugwalze *8*, dann über die Rauhtrommel zur zweiten Zugwalze *9*, und über Leitrollen *10*, *11* weiter.

Die Strichwalzen haben an einem Ende Riemenscheiben *12* zum Antrieb durch den am Zahnkranze spannbaren Riemen *13*, die Gegenstrichwalzen am anderen Ende zum Antrieb durch Riemen *14*. Beide Zahnkränze werden durch Riemenkonusse und entsprechende Zahnrad-

---

[1] Brenger: Handbuch der gesamten Textilindustrie, S. 78 ff.

übersetzung in Drehung versetzt. Die Regelung der Tourenzahl für verschiedenen Rauheffekt erfolgt durch Verstellen der Riemen auf den Riemenkonussen.

Die Rauhwalzen bilden mit der Rauhtrommel ein Planetensystem, d. h. sie vollführen eine zweifache Drehung, einmal um die Hauptwelle mit der Rauhtrommel nach links mit der Tourenzahl n_1, dann um ihre eigene Achse mit der Tourenzahl n_2 nach rechts. Zufolge der ersteren Drehung rollen die Scheiben der Rauhwalzen auf den Riemen ab und erteilen denselben eine Tourenzahl $n_1\alpha$, wenn α das Übersetzungsverhältnis zwischen der großen Riemenscheibe, auf der die Riemen liegen, und den Riemenscheiben der Rauhwalzen bedeutet.

Wenn die Rauhwalzen von der Hauptwelle durch die Konus- und Zahnradübersetzung β außerdem $n_1\beta$ Umdrehungen erhalten, so ist ihre gesamte Umfangsgeschwindigkeit v_2, wenn d_2 ihren Durchmesser bedeutet:

$$v_2 = (n_1\alpha + n_1\beta)\, d_2\pi\,, \qquad (82)$$

und zwar von links nach rechts.

Die Umfangsgeschwindigkeit v_1 des Rauhtambours an einem Punkte, der dem Berührungspunkte der Ware mit den Rauhwalzen entspricht, wenn d_1 der Durchmesser des gedachten Kreises ist, ist

$$v_1 = n_1 d_1\pi \qquad (83)$$

von rechts nach links.

Würde die Ware auf den Walzen stillstehen, so würden die Rauhwalzen mit einer Geschwindigkeit $v_1 - v_2$ an ihr vorüberstreichen. Da sich aber die Ware von links nach rechts mit einer Geschwindigkeit v_3 weiter bewegt, so ist die relative Geschwindigkeit zwischen Rauhwalzen und Ware $v_1 - v_2 - v_3$. Diese Geschwindigkeit bestimmt die Einwirkung der Rauhwalzen auf die Ware, die sog. Rauhwirkung, und läßt sich durch Änderung von v_2 und v_3 je nach der gewünschten Wirkung abändern.

Wenn sich die Rauhtrommel mit den Rauhwalzen in entgegengesetzter Richtung dreht, dann lassen sich beide Drehungen auf eine gemeinsame Drehung zurückführen, deren Achse auf der Verbindungslinie der beiden Achsen, aber außerhalb ihnen liegt. Die Bewegung entspricht mit anderen Worten einer Hypozykloidenbewegung, bei welcher der Rollkreis der Rauhwalzen auf der inneren Seite des größeren Grundkreises rollt.

Die Hypozykloiden, welche die Spitzen der Rauhkarden beschreiben, sind je nach dem Verhältnis der Geschwindigkeiten v_1 und v_2 gewöhnliche, verkürzte oder verlängerte Hypozykloiden und daraus resultiert eine verschiedene Einwirkung derselben auf die Ware[1]). Bei einer gewöhnlichen,

---

[1]) Leipziger Monatsschrift für Textilindustrie 1925, S. 60: Paul Beckers, Die Wirkungsweise der Kratzenrauhmaschinen.

Zykloide mit Spitze ist die Einwirkung der Spitzen auf die Ware gleich Null (Abb. 172a). Bei der verkürzten Zykloide treffen die Häkchen in mehr oder minder spitzem Bogen gegen die Ware und heben die Fasern ziemlich steil heraus, wodurch ein rauher Flor entsteht (Abb. 172b). Bei der verlängerten Zykloide stechen die Häkchen steil in das Gewebe

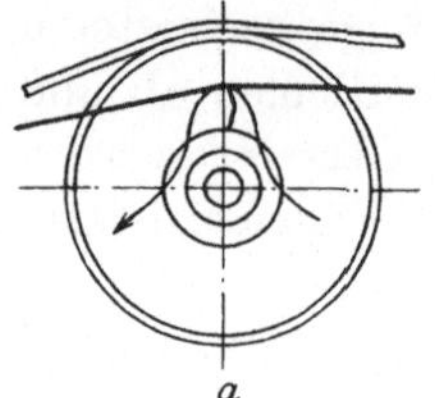 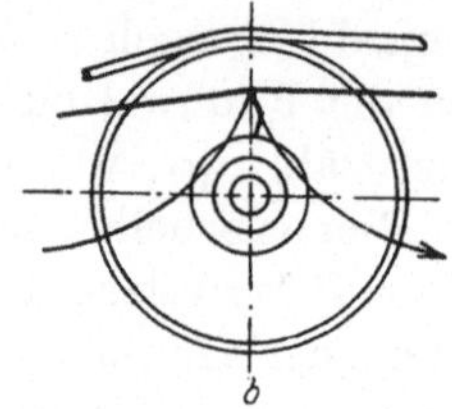 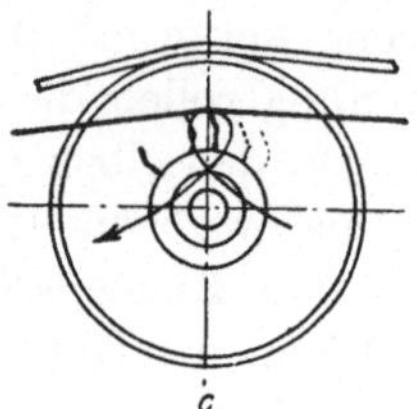

Abb. 172. Bewegung bei Rauhkarden.

(Abb. 172c), eilen etwas vor und heben sich wieder steil heraus, die Fasern dadurch aufziehend.

Aus den Umlaufrädern entstehen Rücklaufräder, wenn noch zwei oder mehr Räder hinzugefügt werden und die Achse des letzten Rades mit derjenigen von Rad *1* zusammenfällt.

Abb. 173/173a zeigt 4 Räder, von denen Rad *2* und *3* fest miteinander verbunden sind, während Rad *4* gegen Rad *1* lose drehbar angeordnet ist.

Wird Steg *5* bei Festhalten von Rad *1* aus der ursprünglichen Lage um $\sphericalangle\ \alpha$ gedreht, so dreht sich Rad *2, 3* um Winkel β gegenüber dem Steg, wobei

$$\beta = \alpha\,\frac{r_1}{r_2} \qquad (84)$$

ist und r_1, r_2 die Radien der Räder *1, 2* bedeutet, und um Winkel $\alpha + \beta$ gegenüber der ursprünglichen Lage.

Rad *4* kämmt mit Rad *3*, dreht sich also um denselben Wälzbogen, so daß

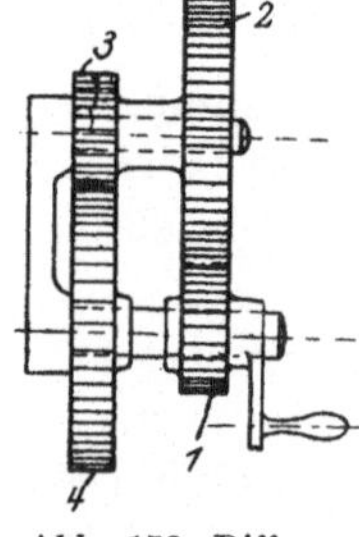
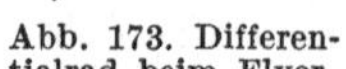

Abb. 173. Differentialrad beim Flyer.

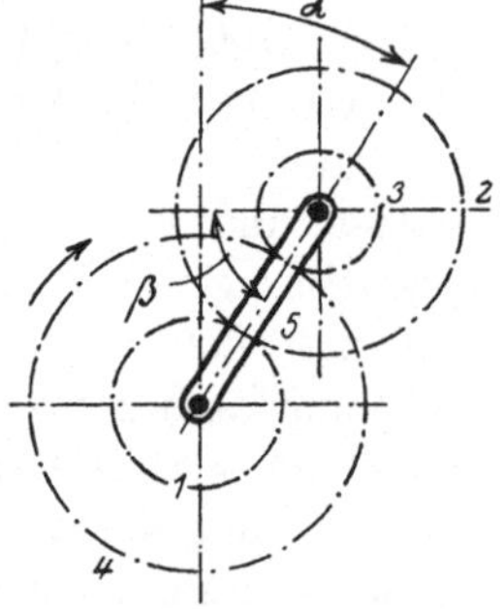

Abb. 173a.

$$r_3\,\beta = r_4\,\delta$$

ist, oder

$$\beta = \frac{r_4\,\delta}{r_3}. \qquad (85)$$

Die zwei Gleichungen für β zusammengezogen, geben

$$\alpha\,\frac{r_1}{r_2} = \delta\,\frac{r_4}{r_3}, \qquad \delta = \alpha\,\frac{r_1}{r_2}\,\frac{r_3}{r_4}. \qquad (86)$$

Da sich Rad *4* um $\sphericalangle \alpha$ mit dem Steg vorwärts, um $\sphericalangle \delta$ gegen den Steg rückwärts dreht, bleibt eine Raddrehung von

$$\varepsilon = \alpha - \delta = \alpha\left(1 - \frac{r_1 r_3}{r_2 r_4}\right) = \alpha(1 - \varphi). \qquad (87)$$

Das Übersetzungsverhältnis zwischen Rad *1* und *4* ist also:

$$i = \frac{\varepsilon}{\alpha} = 1 - \frac{r_1 r_3}{r_2 r_4} = 1 - \varphi. \qquad (88)$$

Wenn $r_1 < r_2$, $r_3 < r_4$ ist, so ist i positiv.

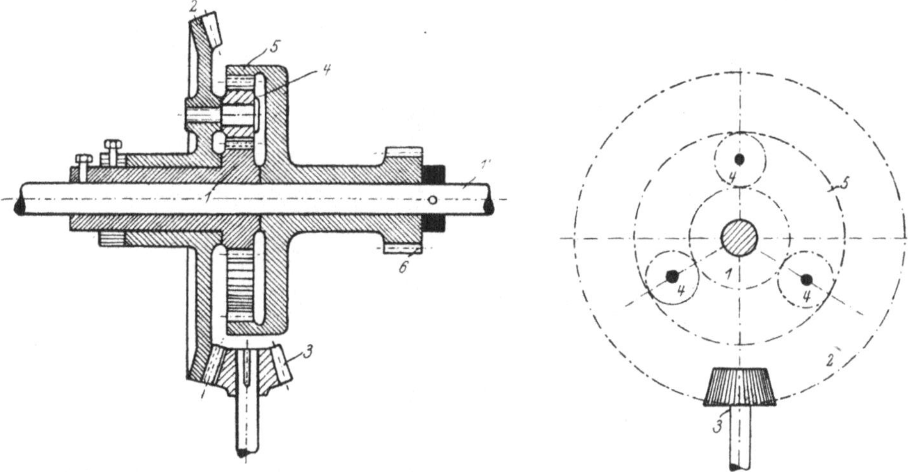

Abb. 174. Differentialrad beim Flyer.

Bei den Differentialwerken, die in der Textilindustrie Verwendung finden, wird außerdem Rad *2* von einer anderen Quelle mit Zusatzumdrehungen versehen, die zu den obigen Umdrehungen hinzuzufügen sind.

Zur näheren Erläuterung wollen wir von den vielen hierhergehörigen Differentialwerken zwei davon eingehender beschreiben.

Das erste (Abb. 174)[1]) besteht aus einem Stirnrad 1, welches auf der Welle *1* festsitzt und einem locker sitzenden Kegelrad *2*, welches von Kegelrad *3* bewegt wird. Rad *2* besitzt drei Zapfen, auf denen drei Stirnräder *4* sitzen, die demzufolge Rad *1* als Planetenräder umkreisen. Räder *4* kämmen mit dem innenverzahnten Rad *5*, welches auf Welle *1'* lose sitzt, aber mit Rad *6* fest verbunden ist. Rad *5* erhält also von zwei Seiten Drehimpulse, erstens von Welle *1'* durch Vermittlung des Rades *6*, zweitens vom Kegelrad *3* durch Vermittlung der Räder *2, 4*.

---

[1]) Haussner: Mech. Technologie I, S. 104/105.

Betrachten wir die beiden Bewegungen, welche schließlich in *6* vereinigt werden, gesondert. Wenn Rad *2* festgehalten wird, und Welle *1'* n_2 Touren macht, so macht Rad *5* zufolge der Übersetzung zwischen *1* und *5*, $n_1\,\varphi_1$ Touren.

Denken wir uns Welle *1'* ruhend, Rad *2* mit n_2 Touren gedreht, so macht Rad *5* laut Gleichung (80) $n_2(1 + \varphi_1)$ Touren.

Die totale Umdrehungszahl von Rad *5* ist also:

$$n = n_1\varphi_1 + n_2(1 + \varphi_1)\,. \tag{89}$$

Ist $\varphi_1 = 0{,}5$, so ist $n = 0{,}5\,n_1 + 1{,}5\,n_2$. Dieselbe Zahl von Umdrehungen n erhält auch Rad *6*, welches dieselben weiterleitet. Wie aus

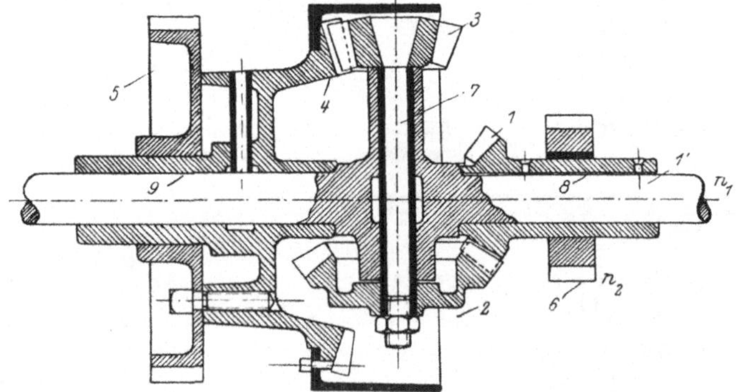

Abb. 175. Differentialrad beim Flyer nach Tweedale.

Gleichung (89) ersichtlich, besteht dieselbe aus der konstanten Zahl $n_1\varphi_1$ und der von Rad *3* herrührenden veränderlichen Zahl $n_2\,(1 + \varphi_1)$.

Bei dem **Differentialwerk von Tweedales** (Abb. 175)[1]) sitzen auf der Welle *1'* die Zahnräder *1, 4, 6* lose. Rechtwinklig zur Welle ist mit entsprechender Hülse eine kurze Welle *7* befestigt, auf der die Kegelräder *2, 3* festsitzen. Welle *7* dreht sich also mit Welle *1'*, vollführt aber außerdem eine selbständige Drehung durch Kegelräder *1, 2*.

Kegelrad *1* kämmt mit Rad *2*, Rad *3* mit Rad *4*. Auf die lange Hülse des letzteren ist Rad *5* aufgekeilt. Die Hülsen *8, 9* sitzen lose auf Welle *1'*.

Durch das Differentialwerk wird die konstante Tourenzahl von *1* mit der variabeln von *7* kombiniert und durch das Stirnrad *5* weitergeleitet.

Das Übersetzungsverhältnis zwischen Welle *1'* und Rücklaufrad *3* ist, wie wir früher gesehen, $i = 1 - \varphi$. Bei n_1 Touren von Welle *1'* macht Rad *2* und *3*: $n_1(1 - \varphi)$ Touren. Hierzu kommen noch jene Umdrehungen, welche Rad *1* von dem fest mit ihm verbundenen Rad *6* erhält und mit demselben Übersetzungsverhältnis φ an Rad *4* und *5* weiterleitet.

---

[1]) **Haussner**: Mech. Technologie I, S. 106.

Die totalen Umdrehungen n von Rad 5 ergeben sich aus der Summierung der zwei Umdrehungen, so daß:

$$n = n_1(1 - \varphi) + n_2\varphi \tag{90}$$

ist. Bei

$$\varphi = \tfrac{1}{5} \quad \text{ist} \quad n = \tfrac{4}{5}\,n_1 + \tfrac{1}{5}\,n_2\,. \tag{91}$$

Durch geeignete Übersetzung kann man leicht erreichen, daß sich die Umdrehungszahlen der Welle $1'$ von denjenigen des Rades 5 nur wenig unterscheiden, daher die relative Bewegung zwischen beiden und die davon herrührende Abnutzung minimal wird.

Die konstruktive Lösung des Differentialwerkes von T w e e d a l e ist daher günstiger, wie die des früheren.

Wird ein Körper gleichzeitig zwei Drehungen unterworfen, deren Achsen einander schneiden, dann findet die resultierende

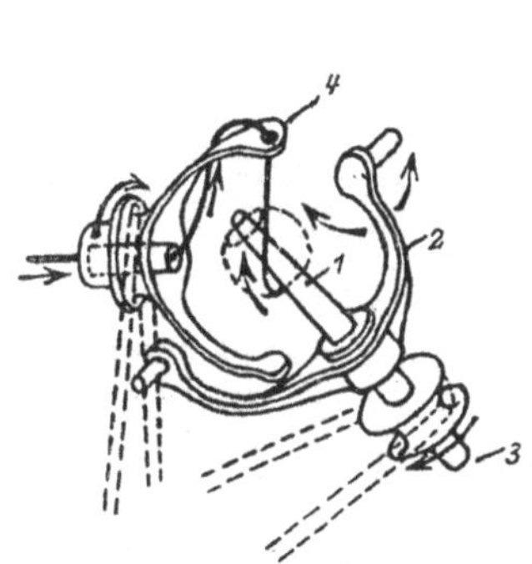

Abb. 176. Garnknäuelwickelmaschine.

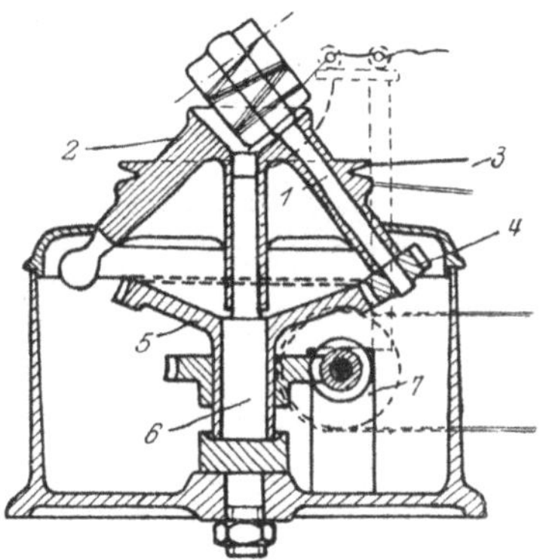

Abb. 177. Garnknäuelwickelmaschine.

Drehung um eine Achse statt, die wir mit Hilfe des Parallelogrammsatzes bestimmen. Wir betrachten die Drehungen um die einzelnen Achsen als Vektoren, die wir ebenso zusammensetzen, wie Kräfte: die Diagonale des Parallelogramms, das aus den Vektoren gebildet wird, ist zugleich ihre Resultante.

Z u s a m m e n s e t z u n g   v o n   D r e h u n g e n   u m   n i c h t   p a r a l l e l e   A c h s e n zeigt die Vorrichtung zum Wickeln von G a r n k n ä u e l n (Abb. 176). Der Wickeldorn 1 steckt in dem Bügel 2, der um Zapfen 3 drehbar ist. Innerhalb des Bügels 2 läuft der Fadenführer 4, dem der Faden durch eine Achsenhöhlung zugeleitet wird und schlingt ihn um Dorn 1. Durch die langsame Bewegung des Bügels ändert sich die Lage der Wicklungen auf dem Knäuel fortwährend.

Eine ähnliche Vorrichtung zum W i c k e l n   a u f   e i n e   z y l i n d r i s c h e S p u l e zeigt Abb. 177. Die schiefe Achse 1 wird mit dem Drehstück 2 durch eine Schnur 3 herumgedreht, wodurch ein auf ihr festes Zahnrad 4

auf dem festen Zahnkranz *5* sich abwälzt. Dadurch entsteht eine Planetenbewegung, die aus zwei Drehungen zusammengesetzt ist, einer Drehung um Achse *1* und einer zweiten um Achse *6*.

Hierzu kommt noch eine Drehung der Achse *6* durch Wurmrad *7*, wodurch das Garn in schraubenförmigen Wickelungen aufgespult ist.

2. Zusammensetzung von fortschreitenden und schwingenden Bewegungen.

Die Schwingungen, die zu einer neuen Schwingung zusammengesetzt werden, finden entweder in parallelen oder in verschiedenen Richtungen statt. Untersuchen wir vorerst den Fall, wo eine Schwingung mit einer in derselben Richtung fortschreitenden Bewegung kombiniert wird.

Bei der Ringspinnmaschine, beim Selfaktor, bei der Schußspulmaschine, überhaupt bei allen Maschinen, wo die Windung des Garnes in Form eines Kötzers stattfindet (Abb. 17 auf Seite 17), wo

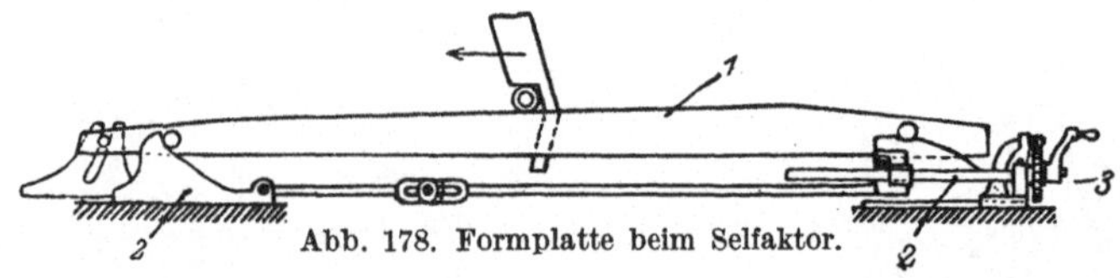

Abb. 178. Formplatte beim Selfaktor.

also die einzelnen Schichten in Form von stumpfen Konen aufeinander geschichtet werden, besteht die relative Bewegung des Fadenführers zum Kötzer aus einer Schwingung, deren Grenzlagen von Schicht zu Schicht verschoben werden.

Diese Bewegung läßt sich auf dreierlei Weise erreichen: 1. Der Fadenführer vollführt die zusammengesetzte Bewegung. 2. Der Kötzer vollführt dieselbe allein. 3. Die eine Bewegung vollführt der Fadenführer, die andere der Kötzer.

An der relativen Bewegung wird ersichtlich nichts geändert, ob man die eine oder die andere dieser Bewegungsarten ausführt.

Beim Selfaktor und der Ringspinnmaschine verwendet man die erste Art. Beim Selfaktor ruht die Leitschiene *1* (Abb. 178) auf zwei Formplatten *2*, die während der Bildung des Kötzeransatzes durch ein Schaltwerk *3* absatzweise verschoben werden, wodurch sich die Leitschiene senkt, der Fadenführer aber sukzessive hebt.

Der erste Kurventrieb *1* wird also gewissermaßen auf einen zweiten aufgesetzt und ihre gemeinsame Bewegung bestimmt die Bewegung des Fadenführers.

Die Grenzkurve dieser Formplatte hängt von der gewünschten Gestalt des Kötzers ab und kann folgendermaßen konstruiert werden[1])

---

[1]) Johannsen: Die Baumwollspinnerei. S. 361. Leipziger Monatsschrift für Textilindustrie 1924. S. 106. Der Windemechanismus des Wagenspinners von Brüggemann.

(Abb. 179). Wir zeichnen die einzelnen Garnschichten, die wegen des zunehmenden Kötzerdurchmessers immer dünner werden, so daß die Hebungen m_1, m_2 der einzelnen Schichten sukzessive abnehmen. Wir projizieren dann die Endpunkte der Höhen m_1, m_2, m_3 ... auf den Hebel, der die Bewegung des Fadenführers auf die Platte 2 überträgt, tragen die konstante Länge der Zugstange h nach abwärts, und erhalten dadurch die Punkte 1', 2', 3', 4', die wir in horizontaler Richtung auf die Vertikalen projizieren, die in einer konstanten Entfernung s gezogen wurden,

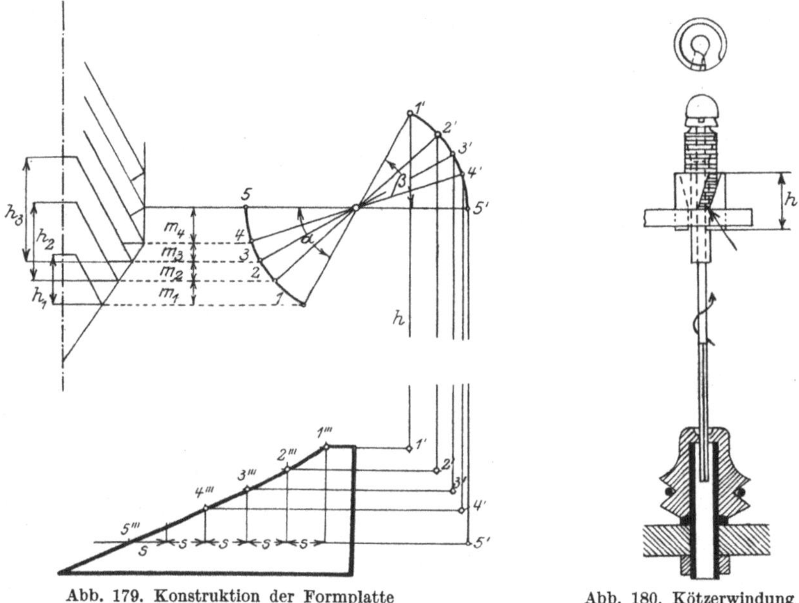

<table>
<tr><td>Abb. 179. Konstruktion der Formplatte
beim Selfaktor.</td><td>Abb. 180. Kötzerwindung
bei Spulmaschinen.</td></tr>
</table>

welche der konstanten Verschiebung der Formplatte entspricht. Die Verbindung der Schnittpunkte gibt die Grenzkurve. Sobald die Windung des zylindrischen Teiles des Kötzers beginnt, ist m konstant und die Formplatte erhält als Grenzkurve eine Gerade.

Bei der Ringspinnmaschine (Abb. 126) wird das Rad 1, auf welches das eine Ende der Kette 2 befestigt ist, durch ein Schaltwerk ruckweise verdreht, ein Teil der Kette also aufgewunden und diese Bewegung auf Trommel 3 und Sektor 4, resp. Fadenführer 5 übertragen, so daß letzterer gradatim höher steigt.

Bei Spulmaschinen wird zumeist die dritte Art verwendet, die zwei Arten der Bewegung werden also voneinander getrennt, die schwingende vollführt der Fadenführer, die Verschiebung der Grenzlagen der Kötzer, wie es z. B. Abb. 180 zeigt, wo derselbe in einer konischen Hülse steckt und sich in denselbem Maße höher hebt, je mehr

Schichten auf ihn aufgewunden werden. Bei andern Spulmaschinen wird der Fadenführer mit einer Schraube sukzessive verschoben[1]). Erfolgt die Änderung der Grenzlagen in längeren Pausen, dann verwendet man Schaltwerke, bei welchen die Schaltung in längeren oder kürzeren Perioden stattfindet[2]).

Wir betrachten nun das Zusammensetzen von Schwingungen.

Oft werden Schwingungen dadurch kombiniert, daß ein beliebiger Hebel an zwei verschiedenen Punkten in schwingende Bewegung versetzt wird.

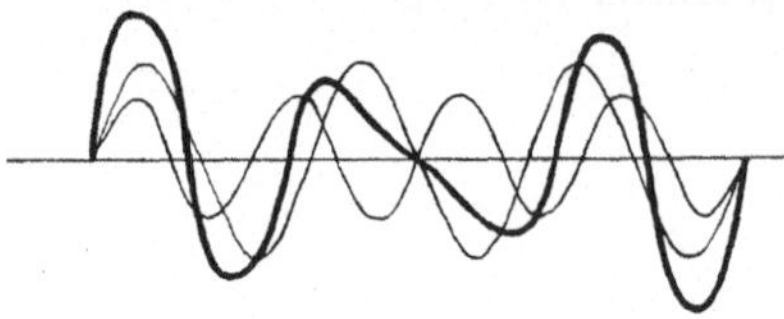

Abb. 181.
Zusammensetzung zweier Schwingungen.

Von der Entfernung der Angriffspunkte und der Art der Einzelschwingungen hängt die resultierende Bewegung ab.

Dieselbe können wir uns am besten durch Überlagerung zweier Sinuswellen veranschaulichen (Abb. 181), die je nach der Form der Einzelwellen eine verschieden gestaltete resultierende Welle zeigt.

Ein Beispiel einer Zusammensetzung einer raschen und langsamen Schwingung bieten die Seidenwindmaschinen[3]), bei denen verlangt wird, daß der Fadenführer so wie bei Spulmaschinen überhaupt hin und her bewegt werde, außerdem aber die einzelnen Fadenschichten behufs besserer Trennung entlang der Spule regelmäßig verschoben werden.

Abb. 182 zeigt den hierhergehörigen Apparat. Die schwingende Bewegung des Fadenführers geht von dem Hebel *1* aus, der durch

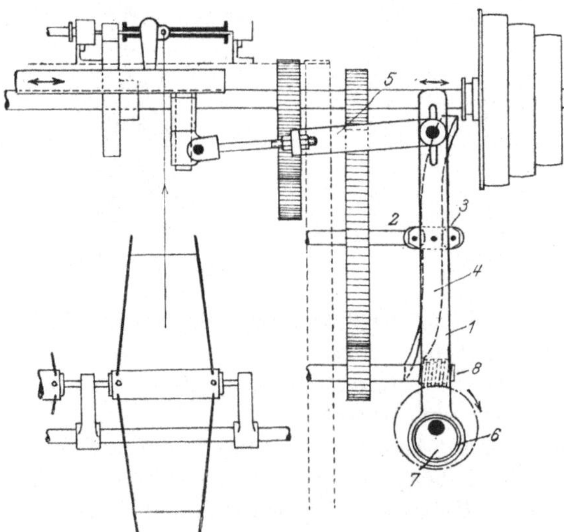

Abb. 182. Fadenführer bei Seidenwindmaschinen.

die zwei Rollen *2, 3*, die von einer krummen Scheibe *4* hin und her bewegt werden, in schwingende Bewegung versetzt wird und mittels

[1]) Haussner, Mechan. Technologie I, S. 271.
[2]) Johannsen, Baumwollspinnerei, Wagenbewegung beim Flyer II. S. 90.
[3]) Mikolaschek: Mechan. Weberei I, S. 20/21.

Stange *5* dieselbe auf den Fadenführer überträgt. Der Drehpunkt des Hebels *1* ist jedoch kein fester, sondern ein beweglicher.

Das untere Ende des Hebels ist nämlich zu einem Exzenterring *6* gestaltet, der auf dem Exzenter *7* sitzt (Abb. 183).

Durch Zahnrad und Wurmgetriebe *8* wird das Exzenter langsam im Kreise gedreht, wodurch eine stetige Versetzung des unteren Hebelendes erfolgt.

Die schwingende Bewegung des Fadenführers setzt sich somit aus zwei Bewegungen zusammen, aus der schwingenden des Hebels und aus der langsamen Verstellung des Drehpunktes.

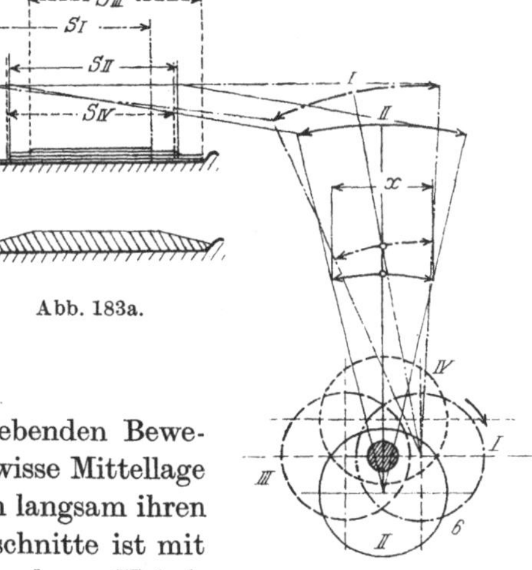

Abb. 183a.

Abb. 183a zeigt die vier äußeren Stellungen *I* bis *IV* des Exzenters und die daraus sich ergebenden Bewegungen des Hebels, der um eine gewisse Mittellage so schwingt, daß die Schwingungen langsam ihren Ort wechseln. Der Hub der Hebelschnitte ist mit x bezeichnet, *I* und *II* ist der Hub des oberen Hebelendes, also auch des Fadenführers und S_I bis S_{IV} die zugehörigen Bewicklungsschichten auf der Spule *S*.

Abb. 183. Fadenführer bei Seidenwindmaschinen.

Ein weiteres Beispiel bietet Abb. 184[1]). Von der Antriebwelle *1* wird durch Räder Welle *2* und von dieser Welle *3* und *4* mit den Exzentern angetrieben.

Da die Zahnräder *5* und *6* verschiedene Zähnezahlen besitzen, wird die Stellung der beiden Exzenter *3* und *4* fortwährend geändert, daher wird Hebel *7* mit den Rollen *8* und *9* eine fortwährend veränderliche Lage einnehmen, die durch Hebel *10* und Kniehebel *11* auf den Fadenführer der Spulmaschine übertragen wird.

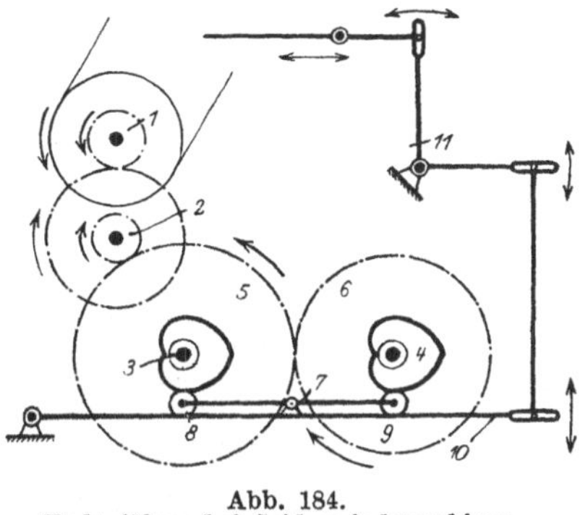

Die Folge ist wieder eine zusammengesetzte Schwingung zwischen veränderlichen Grenzlagen.

Abb. 184.
Fadenführer bei Seidenwindmaschinen.

Hierher gehört das sog. **Römer**-getriebe, welches auf dem Zusammenwirken zweier Kurbeln beruht (Abb. 185). Die Kurbeln *1* und *2* sind durch die Zugstangen *3*, *4* mit dem

---

[1]) Mikolaschek: Mech. Weberei I, S. 23.

Hebel *5* verbunden, dessen Mitte durch die Stange *6* in einer Geraden geführt wird.

Die Tourenzahl und der Aufkeilungswinkel der zwei Kurbeln ist verschieden, so daß die resultierende Bewegung von der hin- und herschwingenden Bewegung der Hebelenden abhängt.

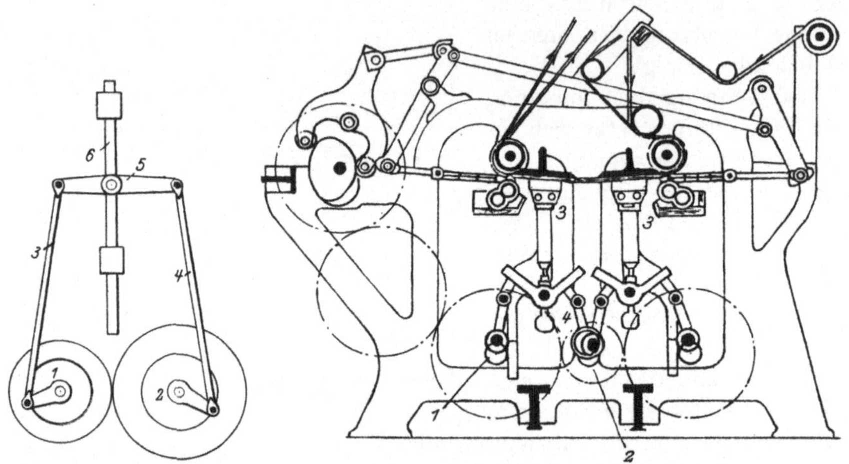

Abb. 185. Römergetriebe.   Abb. 186. Römergetriebe bei der Perrotine.

Wenn die Treibstange unendlich lang wäre, dann wäre die durch je eine Kurbel vermittelte Bewegung eine reine Sinusbewegung, die wir durch eine Wellenlinie darstellen können. In Wirklichkeit weicht die Bewegung hiervon etwas ab, was jedoch an dem Prinzip nichts ändert.

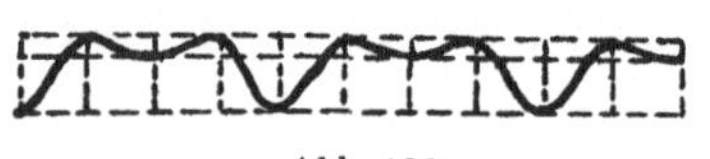

Abb. 186a.

Die Summierung der beiden Wellenzüge veranschaulicht die resultierende Bewegung (siehe Abb. 181).

Dieses Getriebe findet bei der **Perrotschen Druckmaschine** Verwendung, wo es dazu dient (Abb. 186) die Druckplatten *3* einmal näher an die Ware zu bringen behufs Aufdrücken der Farbe, dann weniger nahe behufs Aufnahme der Farbe von einer eingeschobenen Platte. Die resultierende Bewegung zeigt Abb. 186a.

Zu dieser Kategorie von Getrieben gehört die Verwendung **zweier Exzenter bei Wechselladen** (Abb. 187), die beide auf einen gemeinsamen Hebel einwirken, den sie auf verschiedene Weise verstellen. Jedes Exzenter verursacht eine Schwingung, die zusammengesetzt wieder eine Schwingung geben. Bei diesen Getrieben ist nicht so sehr der Verlauf der Bewegungen, wie die Endstellen des Hebels von Belang.

Die einfachste Kombination dieser Art zeigt der **Hackingwechsel für Webstühle** (Abb. 188). Zwei Exzenter *1* und *2*, von denen *2* doppelt so groß ist wie *1*, werden ineinandergesteckt und auf eine gemeinsame

Welle befestigt. Exzenter *2* wird von einem Exzenterringe umgeben, der mit Stange *3*, Hebel *5* und Stange *4* in Verbindung steht, welche die Wechselkästen *6* auf- und abbewegt.

Beide Exzenter können voneinander unabhängig um 180° verdreht werden. Bewegt sich Exzenter *1* allein, dann wird der Exzenterring und mit ihm Stange *3* um die Exzentrizität dieses Exzenters vertikal verschoben, wie es Abb. 187, Stellung II zeigt. Bewegt sich

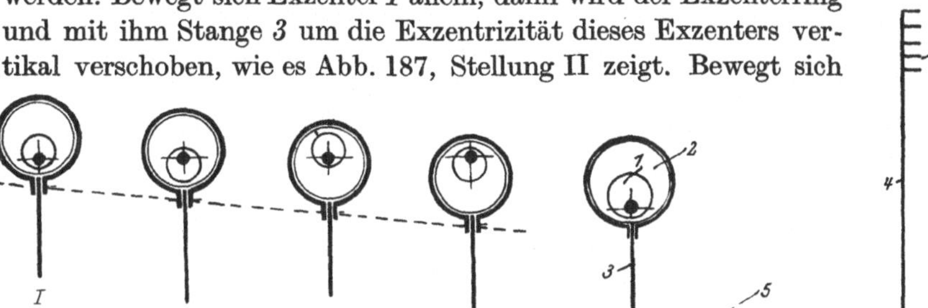

Abb. 187. Exzenter für Wechselladen.

Abb. 188. Exzenter für Wechselladen nach Hacking.

nach Stellung I Exzenter *2* allein, dann erfolgt eine Verschiebung der Stange *3* um den doppelten Betrag (Stellung III). Bewegen sich beide

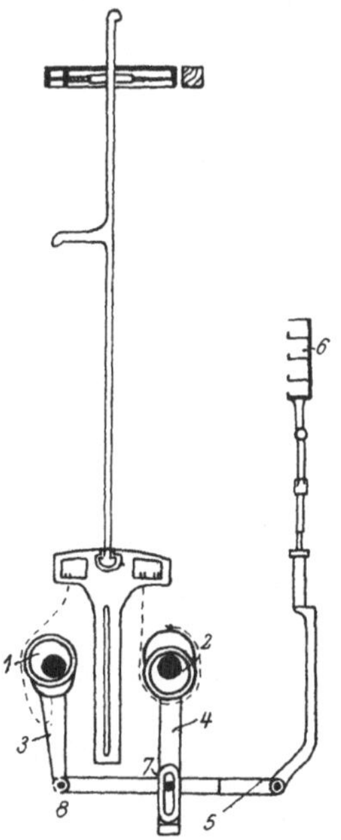

Abb. 189. Wechselladen nach
Honegger.

Exzenter nach Stellung I aus ihrer obersten Stellung gemeinsam in die unterste, dann wird die Stange *3* um $1 + 2 = 3$ Einheiten verschoben (Stellung IV). Bewegen sich beide Exzenter zu gleicher Zeit, jedoch Exzenter *1* aus der unteren in die obere, Exzenter *2* aus der oberen in die untere Stellung, dann ist die resultierende Bewegung dem Unterschiede der Einzelbewegungen gleich, also gleich: $2 - 1 = 1$ Einheit, wie dies z. B. bei der Bewegung von Stellung II zu Stellung III erfolgt.

Abb. 189 zeigt die Wechselvorrichtung von Honegger mit den Exzentern *1*, *2*, den Zugstangen *3*, *4*, dem Hebel *5* und den vier Wechselkasten *6*.

Bewegt sich eines der beiden Exzenter um 180°, dann wird der Exzenterring und die Zugstange sowie der Befestigungspunkt des Hebels um die Exzentrizität *e* verschoben. Wenn nur das eine, z. B. das linksseitige, Exzenter sich dreht, das andere aber stillsteht, dann wirkt Hebel *5* wie ein zweiarmiger Hebel, dessen Drehpunkt bei *7* ist, dessen eines Ende um *e* sich senkt,

das andere also um ebensoviel gehoben wird; die Wechselkasten steigen bei richtiger Wahl der Abmessungen um einen Kasten (Stellung II, Abb. 190).

Bewegt sich nur das rechtsseitige Exzenter, dann wirkt Hebel 5 wie ein einarmiger Hebel mit dem Drehpunkt 8, daher die Wechselkasten zufolge der Hebelübersetzung 1 : 2 um zwei Kasten gehoben werden (Stellung III).

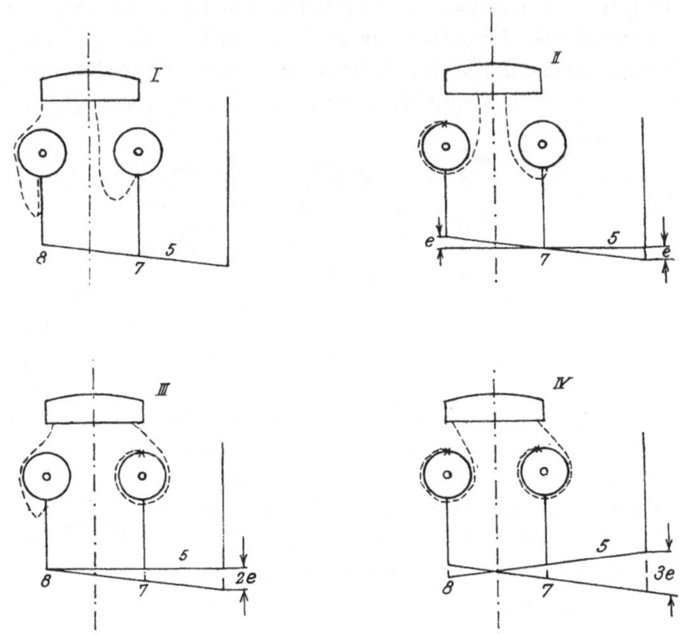

Abb. 190. Hebelverstellung bei Wechselladen nach Honegger.

Wenn beide Exzenter in derselben Richtung wirken, dann summiert sich ihre Wirkung, das Endresultat ist eine Verschiebung der Wechselvorrichtung um $1 + 2 = 3$ Kasten (Stellung IV).

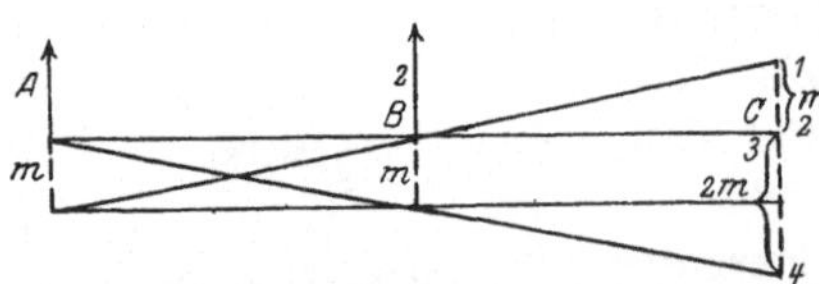

Abb. 191. Hebelverstellung für Wechselladen.

Wenn aber die Exzenter in entgegengesetzter Richtung wirken, dann ist ihre Wirkung abzuziehen, die Verschiebung beträgt $2 - 1 = 1$ Kasten.

Abb. 191 zeigt die verschiedenen Stellungen des Hebels $5 = ABC$, die derselbe bei den Einwirkungen der Exzenter einnehmen kann.

Durch Kombination mit Hebeln kann man dieses Getriebe auf verschiedene Art und Weise variieren. So zeigt Abb. 192 z. B. den Schwabewechsel mit zwei Kurbeln 1, 2 resp. Exzentern, die auf den Winkelhebel 3 einwirken. Wenn sich Kurbel 1 allein bewegt, dann bewegt sich Punkt 3 in derselben Weise und wir bekommen eine Wechselladenverschiebung von zwei Kästen.

Bewegt sich nur Exzenter *2*, dann ist die Verschiebung halb so groß, entsprechend einem Kasten.

Bewegt sich Exzenter *1* und *3* gleichzeitig, dann ist die resultierende Verschiebung entweder $1 + 2 = 3$, oder $2 - 1 = 1$.

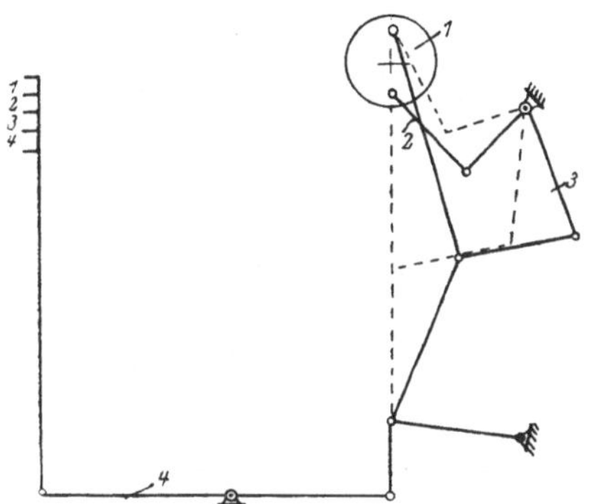

Abb. 192. Kniehebel bei Schwabewechsel.

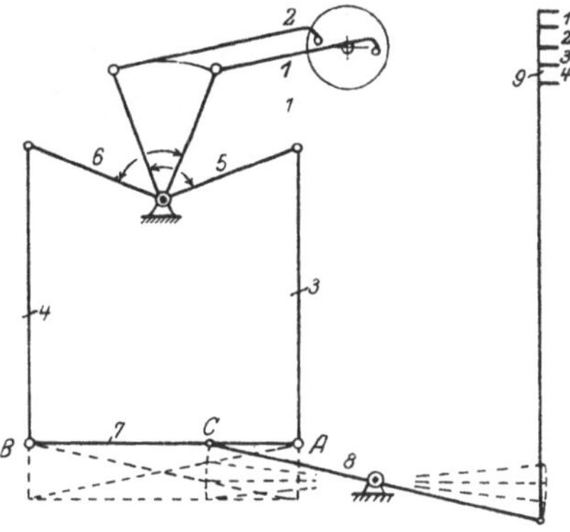

Abb. 193. Hebelverstellung für Wechselladen.

Eine weitere Kombination zeigt Abb. 193. Hier sind zwei Kurbeln *1* und *2* mit Winkelhebeln *5* und *6* und durch Zugstangen *3* und *4* mit den Enden *AB* des Hebels *7* verbunden, dessen Punkt *C* an den Hebel *8* eingelenkt ist, der die Steigkästen der Wechsellade *9* verstellt. Da die Arme *BC* und *AC* des Hebels *7* sich wie $2:1$ verhalten, verursachen dieselben eine verschieden große Verstellung des Punktes *C*. Wird nur *B* verschoben, dann verhält sich Hebel *7* wie ein einarmiger Hebel mit dem Drehpunkt *A*; wird *A* verschoben, dann ist Punkt *B* der fixe Drehpunkt. Werden beide verschoben, dann wird Hebel *7* parallel verschoben. Das Resultat ist ein Heben und Senken der Steigkästen *9* um 1, 2, 3 Kästen.

Eine Kombination von Exzentern und Hebeln zur Bewegung von 8 Steigkästen einer Wechsellade zeigt der Wechsel von Schwabe (Abb. 194).

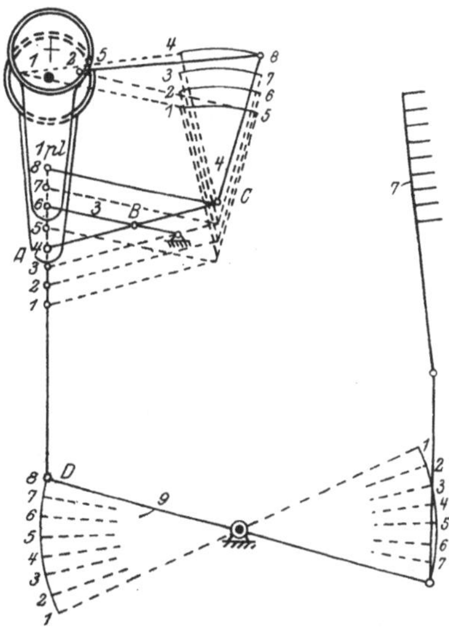

Abb. 194. Hebelverstellung für Wechselladen nach Schwabe.

Zwei Exzenter *1* und *2*, die voneinander unabhängig drehbar sind, können dem Endpunkt des Hebels *3* vier verschiedene Stellungen erteilen, auf ähnliche Weise, wie dies beim Hackingwechsel beschrieben wurde.

In den Punkt *B* dieses Hebels ist ein Winkelhebel *4* eingelenkt, der durch ein drittes Exzenter *5* in zwei verschiedene Stellungen gelangt, die mit den früheren vier Stellungen kombiniert zusammen $2 \times 4 = 8$ verschiedene Stellungen des Hebels *9* und der Steigkästen *7* ermöglichen.

Wir gelangen zum zweiten Fall, wo die Schwingungsrichtungen verschieden sind, und zumeist aufeinander senkrecht stehen.

Eine Kombination von zwei derartigen Schwingungen bietet die **Bobbinetmaschine,** bei der die Nadelstangen eine sog. **Vierseitbewegung** machen (Abb. 195).

Auf der Achse *1* sind zwei Daumenscheiben angebracht, die

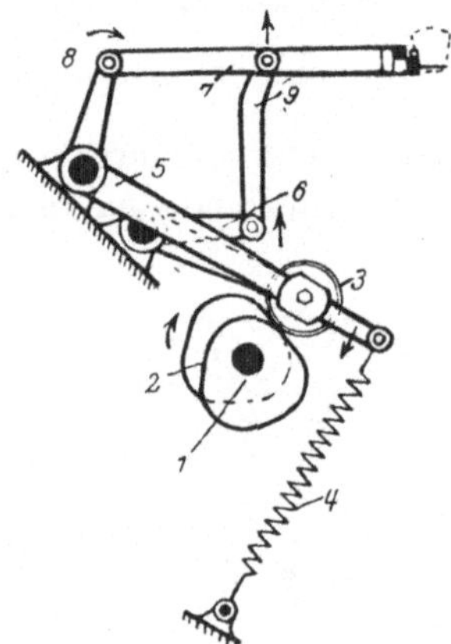

Abb. 195. Vierseitbewegung der Bobbinetmaschine.

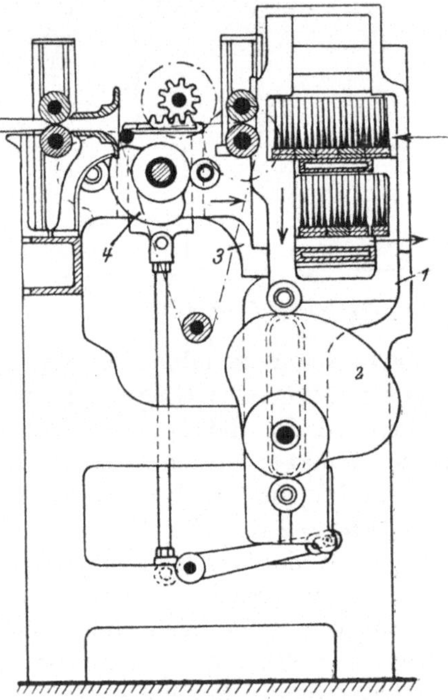

Abb. 196. Rechteckbewegung der Kämmaschine.

durch Rollen die Winkelhebel *5, 6* in Schwingungen versetzen. Diese werden auf Stange *7* übertragen und da der Punkt *8* eine mehr horizontale, Punkt *9* eine vertikale Schwingung vollführt, machen die am Ende der Stange befindlichen Nadeln eine eigentümliche Vierseitbewegung.

Eine ähnliche **Rechteckbewegung** (**squaremotion**) vollführen die Nadelstäbe der **Holdenschen Kämmaschine** (Abb. 196). Die Stäbe werden in zwei horizontalen Reihen bewegt, und zwar in der oberen Reihe von rechts nach links. Sobald die oberen Stäbe um die Breite eines Stabes nach links gerückt sind, senkt sich der äußerste Stab in die untere Bahn, wandert hier in entgegengesetzter Richtung und wird, an das Ende seiner Bahn gelangt, in die obere Bahn gehoben.

Zur Ausführung dieser Bewegung dienen zwei Schieber, einer *1* zum Heben und Senken, der von Daumenscheibe *2* angetrieben wird, und ein zweiter Schieber *3*, zur seitlichen Verschiebung, der von Daumenscheibe *4* seinen Antrieb erhält.

Die Daumenscheiben sind so geformt, daß die erste während der zweiten und vierten, die zweite während der ersten und dritten Vierteldrehung die Stäbe verschiebt, sonst aber die Schieber in Ruhe läßt.

Die alternierenden Bewegungen kombinieren sich also bei den zuletzt beschriebenen Getrieben zu einer rechteckigen Bewegung, da die Bewegungsrichtungen, die durch die beiden Exzenter hervorgerufen werden, aufeinander senkrecht stehen.

Wirken die Exzenter bei senkrechter Richtung nicht abwechselnd, sondern gleichzeitig, so geht die rechteckige Bewegung in eine kreis- resp. ellipsenförmige Bewegung über.

Aus der Mechanik ist bekannt, daß zwei aufeinander senkrechte harmonische Schwingungen XX und YY in bestimmten Fällen eine kreis- oder ellipsenförmige Bewegung erzeugen (Abb. 197). Sind beide

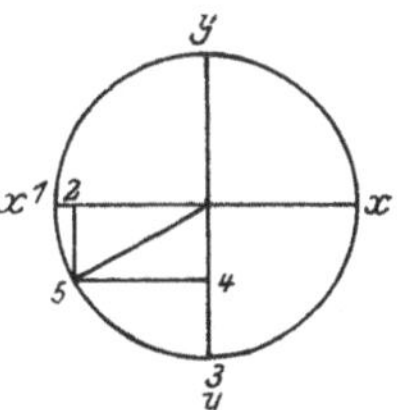

Abb. 197. Ellipsenförmige Bewegung.

Schwingungen gleich, dann ist die resultierende Bewegung eine Kreisbewegung, weil ein Punkt, der in der Richtung XX um das Stück *1 2*, in der Richtung YY um *2 5* bewegt wird, durch beide Bewegungen, wenn dieselben gleichzeitig erfolgen, nach *5* gelangt, also eine Kreisbahn beschreibt. Sind die beiden Schwingungen ungleich groß, dann gibt die Resultante eine elliptische Bewegung.

Bezeichnen wir die Koordinaten des schwingenden Punktes mit x, y, dann sind dieselben nach Verlauf der Zeit t bei einfacher harmonischer Schwingung:

$$x = a \sin t , \tag{92}$$

$$y = a \cos t , \tag{92 a}$$

wobei a die Elongation bedeutet, folglich bei gleich großer Schwingung:

$$x^2 + y^2 = a^2 , \tag{93}$$

was die Gleichung eines Kreises bedeutet. Ist aber die Elongation in der X-Achse a, in der Y-Achse b, dann ist:

$$x = a \sin t , \qquad y = b \cos t ,$$

folglich

$$\frac{x^2}{a^2} + \frac{y^2}{b^2} = 1 , \tag{94}$$

was die Gleichung einer Ellipse ist.

Ein Beispiel für diese Bewegung bietet die Ratinémaschine (Abb. 198), mit deren Hilfe die Wollhaare auf der Oberfläche eines Gewebes gekräuselt werden und kleine Gruppen von Locken bilden.

7*

Das Tuch wird zu dem Behuf langsam über eine feste Platte *1* gezogen und von einer darüber befindlichen Platte *2*, deren sämtliche Punkte gleiche Kreise beschreiben, gekräuselt.

Die Frottiertafel wird durch zwei Stangen *3, 4* welche bei *5* und *6* um feste Kugelgelenke drehbar sind, an ihrem unteren, gabelförmig ge

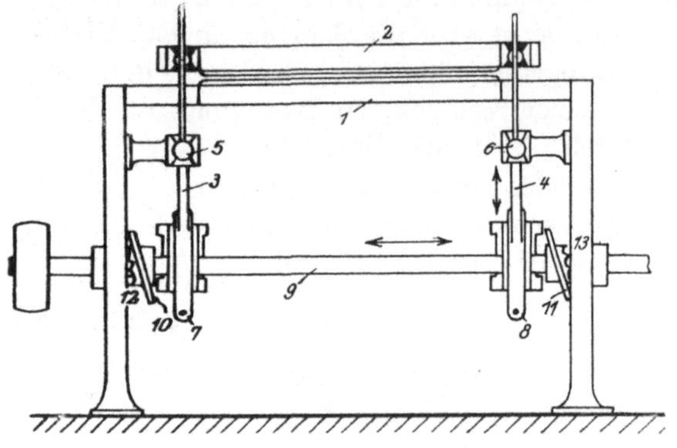

Abb. 198. Ratinémaschine.

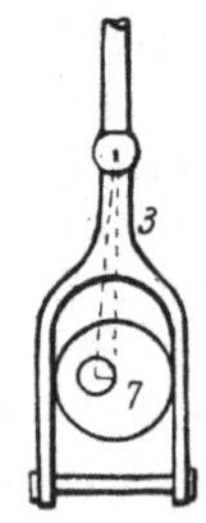

Abb. 199. Ratinémaschine.

stalteten Ende mittels Kreisexzenters *7, 8* (Abb. 199) in Schwingungen versetzt, die zur Welle *9* senkrecht sind.

Gleichzeitig wird die Achse *9* durch zwei schräge Scheiben *10, 11*, welche auf derselben fest angebracht sind, mittels zweier Anstoßknaggen *12, 13* in ihrer Längsrichtung in Schwingungen versetzt.

Durch Zusammensetzen dieser zwei aufeinander senkrechten Schwingungen entsteht eine kreisförmige Bewegung, wenn die Schwingungen gleich groß sind, und eine elliptische Bewegung, wenn sie ungleich sind.

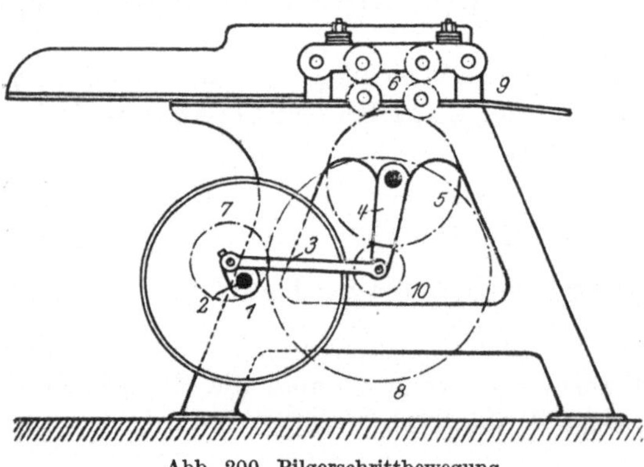

Abb. 200. Pilgerschrittbewegung.

3. Zusammensetzung von Drehungen und schwingenden resp. fortlaufenden Bewegungen.

Auf der Zusammensetzung einer Drehung und einer schwingenden Bewegung beruht die sog. Pilgerschrittbewegung, die bei Flachs- und Hanfbrechmaschinen angewendet wird (Abb. 200).

Auf Welle *1* sitzt Kurbel *2*, die mit Treibstange *2* den Arm *4* und das hiermit verbundene Rad *5* in schwingende Bewegung versetzt, die den Brechwalzen *6* übermittelt wird.

Wenn für keine weitere Bewegung vorgesorgt wäre, würden dieselben den Flachs oder Hanf zwar brechen, aber nicht weiterschaffen.

Zu diesem Behuf ist auf Zapfen *2* ein Zahnrad *7* befestigt, welches zufolge der Drehung des Zapfens mitgedreht wird und diese Drehung den Zahnrädern *8, 10, 5* mitteilt.

Zahnrad *5* erhält also außer der obigen schwingenden Bewegung eine kontinuierliche Drehbewegung in einer Richtung, die an die Brechwalzen weitergegeben wird.

Bezeichnet u die Umfangsgeschwindigkeit der Brechwalzen zufolge der schwingenden, v dieselbe zufolge der Drehbewegung, dann ist der Weg, den dieselben in der kleinen Zeit dt beschreiben

$$ds = (u + v)\, dt\,, \tag{95}$$

und wenn n die Tourenzahl der Welle *1*, c_1, c_2 die betreffenden Übersetzungen, d den Durchmesser der Walze bedeutet, dann ist:

$$u = c_1 \sin\alpha\, \frac{d\,\pi \cdot n}{60}\,, \quad v = c_2\, \frac{d\,\pi \cdot n}{60} \text{ und } ds = (c_1\sin\alpha + c_2)\, \frac{d\,\pi \cdot n}{60} \cdot dt\,. \tag{96}$$

Nach Integration der Gleichung (96) ist folglich:

$$s = \int\limits_0^t (c_1 \sin\alpha + c_2)\, \frac{d\,\pi \cdot n}{60}\, dt\,. \tag{97}$$

Wenn die Welle *1* in der Zeit t um den Winkel α gedreht wird und ω ihre beständige Winkelgeschwindigkeit ist, also

$$\omega = \frac{2\,n\,\pi}{60} = \frac{\pi\,n}{30}\,,$$

dann ist:

$$\omega = \frac{\alpha}{t}\,, \qquad t = \frac{\alpha}{\omega}\,, \qquad \text{also} \qquad dt = \frac{d\alpha}{\omega}$$

und

$$\left.\begin{aligned}
s &= \int\limits_0^t (c_1 \sin\alpha + c_2)\, \frac{d\,\pi \cdot n}{60}\, \frac{d\alpha}{\omega} = [c_1(1 - \cos\alpha) + c_2\alpha]\, \frac{d\,\pi \cdot n}{60 \cdot \omega} \\
&= [c_1(1 - \cos\alpha) + c_2\alpha]\, \frac{d}{2}\,.
\end{aligned}\right\} \tag{98}$$

Auf die kontinuierliche Drehung, die durch $c_2\,\alpha\,\dfrac{d}{2}$ charakterisiert wird, ist also eine rückläufige Sinusversusschwingung überlagert, die durch $c_1 (1 - \cos\alpha)\, \dfrac{d}{2}$ bestimmt ist. Das Schaubild entspricht einer Sinuswelle, die entlang einer steigenden Geraden verläuft.

Wenn z. B $n = 100/\text{min}$, $d = 120\,\text{mm}$, $c_1 = \tfrac{10}{9}$, $c_2 = \tfrac{8}{50}$ ist, so ist

$$u = c_1 \sin\alpha\, \frac{d\,\pi \cdot n}{60} = 700 \sin\alpha\,, \qquad v = c_2 \frac{d\,\pi \cdot n}{60} = 100\,\text{mm/sek.}$$

$$s = \left[\frac{10}{9}(1 - \cos\alpha) + \frac{8}{50}\,\alpha\right] 60\,, \qquad \text{oder mit} \qquad \alpha = \frac{\pi}{180}\,\alpha^\circ,$$

$$s = 66 \cdot 6\,(1 - \cos\alpha) + 0{,}16\,\alpha^\circ.$$

Für $\alpha =$	0°	90°	180°	270°	360°
wird: $u + v =$	100	800	100	-600	100 mm/sk
$s =$	0	80	160	110	60 mm.

Das Material geht also bei jedem Spiel um 160 mm vorwärts und um 100 mm rückwärts[1]).

Die **Kombination einer Drehung mit einer fortschreitenden Bewegung** liefert eine **Schraubenbewegung**, wenn die Richtung der fortschreitenden mit der Achse der Drehung zusammenfällt. Eine derartige Bewegung wird beim Aufwinden der Lunten und Garne allgemein angewendet. Die Steigung α der Schraube hängt von dem Verhältnis der Geschwindigkeiten in der Richtung der Achse und normal auf die Achse ab. Ist h die Höhe, $d\,\pi$ der Umfang einer Windung, c die Geschwindigkeit in der Richtung der Achse, ω die Winkelgeschwindigkeit, dann ist in der Zeit t:

$$h = ct\,, \quad d\,\pi = r\,\omega\,t\,, \quad \text{und} \quad \operatorname{tg}\alpha = \frac{h}{d\,\pi} = \frac{ct}{r\,\omega\,t} = \frac{c}{r\,\omega}\,.$$

Soll der Steigungswinkel bei zunehmendem Radius r der Spule konstant bleiben, dann muß ω in demselben Maße abnehmen, als r zunimmt.

Ein Unterschied in den Windungen findet statt, je nachdem der Windungskörper zylindrisch oder wie bei Kopsen konisch ist.

Bei letzteren ist die Windung statt der gewöhnlichen Schraubenlinie eine konische, deren Projektion auf die Grundebene eine archimedische oder logarithmische Spirale sein kann.

Wenn wir den variabeln Winkel, den der Radius r mit der Anfangsstellung bildet, mit φ bezeichnen, die Koordinaten eines Punktes der Schraubenlinie mit x, y, z, dann lauten die Gleichungen derselben im Falle der archimedischen Spirale:

$$x = a\,\varphi\,\cos\varphi\,, \qquad y = a\,\varphi\,\sin\varphi\,, \qquad z = b\,\varphi\,, \tag{99}$$

im Falle der logarithmischen Spirale:

$$x = e^{\frac{\varphi}{a}}\cos\varphi\,, \qquad y = e^{\frac{\varphi}{a}}\sin\varphi\,, \quad z = b\,e^{\frac{\varphi}{a}}\,, \tag{100}$$

---

[1]) Siehe Lindner: Spinnerei und Weberei S. 234 u. 235.

wobei a, b die Konstanten der Schraubenlinie bedeuten, deren Werte aus den Gleichungen

$$r = a\varphi, \qquad z = b\varphi \quad \text{resp.} \qquad r = e^{\frac{\varphi}{a}}, \qquad z = b e^{\frac{\varphi}{a}}$$

zu bestimmen sind, wenn $\varphi = 1$ ist. Die Geschwindigkeit v der Aufwicklung besteht aus den Komponenten der Geschwindigkeit in der Richtung des Umfanges und in der Richtung der Achse. Da jedoch der Ausdruck für v zu kompliziert und für praktische Zwecke unbrauchbar ist, wird gewöhnlich die vereinfachte Annahme gemacht, daß die Geschwindigkeit in der Richtung des Umfanges konstant, die Geschwindigkeit in der Richtung der Achse aber dem jeweiligen Durchmesser umgekehrt proportional sei, wodurch die Windung in einer von obigen Schraubenlinien etwas abweichenden Kurve stattfindet.

IV. Ein- und Ausschalten der Bewegung.

Das Ein- und Ausschalten der Textilmaschinen oder einzelner Teile derselben erfolgt nach denselben Prinzipien wie bei anderen Maschinen, durch lösbare Kupplungen, Verschieben des Riemens von der festen auf die lose Scheibe, Entfernen der Zahn- und Reibungsräder und endlich durch die verschiedenen Schalt- und Hemmwerke.

Das auslösende Moment ist entweder der Anfang oder das Ende einer bestimmten Arbeitsperiode, oder Störungen, die während des Arbeitsprozesses vorkommen, z. B. Fadenbruch, Ablaufen des Garnes vom Schützen usw.

1. Lösbare Kupplungen.

Die lösbaren Kupplungen der Textiltechnik unterscheiden sich im allgemeinen kaum von denen des allgemeinen Maschinenbaues. Einige spezielle Konstruktionen finden in folgendem Erwähnung.

Beim Selfaktor besteht die lösbare Kupplung laut Abb. 201 a/b aus einem verschiebbaren Teil *1*, der sich mit Welle *2* konstant dreht und einer Hülse *3* mit Kupplungshälfte *4*, die sich nur dann dreht, wenn die Kupplung geschlossen ist.

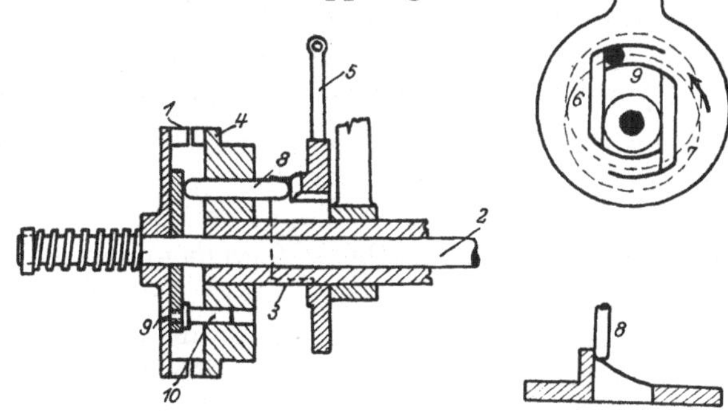

Abb. 201 a/b. Lösbare Kupplung beim Selfaktor.

Die Platte *5* ist in der Mitte ausgeschnitten, so daß sie in vertikaler Richtung verschiebbar ist; rechts und links vom Ausschnitte sind hervorspringende Leisten *6* und *7*, auf welche sich der Zapfen *8* stützt. Dieser Zapfen verschiebt sich in der Kupplungshälfte *4* und stützt sich mit dem anderen Ende auf Kupplungshälfte *1*.

Bei geschlossener Kupplung dreht sich der Zapfen in der Richtung des Pfeiles, bis er auf die schiefe Ebene der Leiste gelangt, die Kupplung löst und, an den Vorsprung anstoßend, stehenbleibt.

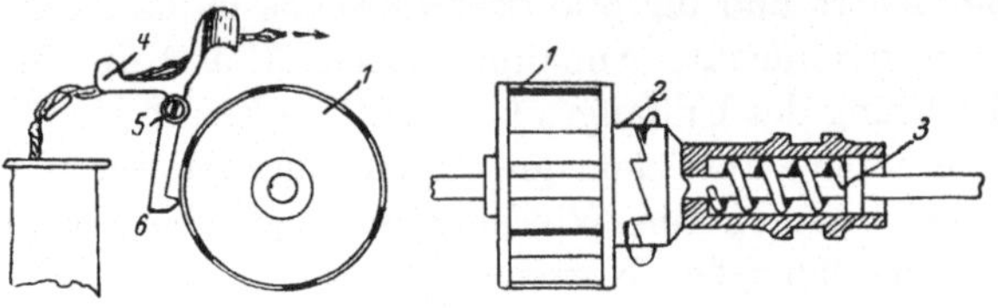

Abb. 202. Abstellvorrichtung bei Strecken.

Wenn die Platte *5* von der höchsten in die tiefste Stellung verschoben wird, dann verliert der Zapfen seine Stützung, die Kupplung wird durch den Druck der Feder geschlossen, der Zapfen dreht sich wie früher in derselben Richtung, bis er nach einer halben Umdrehung auf die zweite schiefe Ebene gelangt und die Kupplung auslöst. Die Achse *2* dreht sich unbehindert weiter, wobei die Kupplungshälfte *1* an der Scheibe *9* schleift, die lose auf *2* gesteckt und mit *4* durch Stift *10* auf Drehung verbunden ist. Diese Scheibe hat daher nur den Zweck, das Gleiten des Zapfens *8* auf *1* zu vermeiden.

Das Schließen und Lösen der Kupplung hängt also von dem Verschieben der Platte *5* ab und erfolgt in regelmäßigen Zwischenräumen.

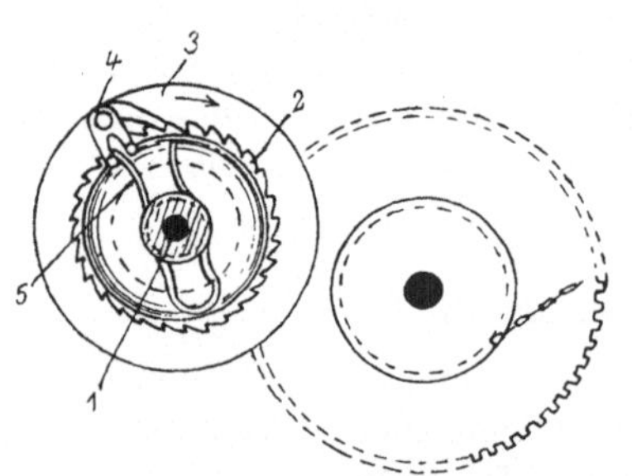

Abb. 203. Lösbare Kupplung beim Selfaktor.

Das Lösen einer Klauenkupplung erfolgt öfters zufolge Reißen des Fadens. Hierfür bietet die Abstellvorrichtung von Strecken ein Beispiel (Abb. 202). Trommel *1* läuft lose auf ihrer Welle und wird von der Kupplung *2* gedreht, die durch den Druck der Feder *3* geschlossen wird.

Die Bänder des Vorgespinstes laufen durch den kanalartig gestalteten Teil des Hebels *4*, der um Zapfen *5* schwingt, und drücken ihn zufolge ihrer Spannung etwas nieder.

Reißt ein Band, dann klappt der Hebel um, weil sein unterer Teil etwas schwerer ist, der Haken *6* greift in den Ausschnitt der Trommel *1* und verhindert ihr weiteres Drehen. Da die eine Hälfte der Kupplung am Drehen verhindert ist, während die andere sich weiterdreht, öffnet sich die Kupplung zufolge der schiefen Klauen, und die Maschine wird abgestellt.

Bei Selfaktoren finden wir folgende eigentümliche Kupplung, die gelöst wird, wenn der eine Teil rascher läuft als der andere (Abb. 203). Auf der Welle *1* sitzt das Schaltrad *2* fest, Scheibe *3* mit der Schaltklinke *4* lose.

Wenn die Quadrantentrommel die Scheibe *3* antreibt, dann greift Klinke *4* in das Schaltrad *2* und nimmt es mit. Wenn aber Welle *1* und

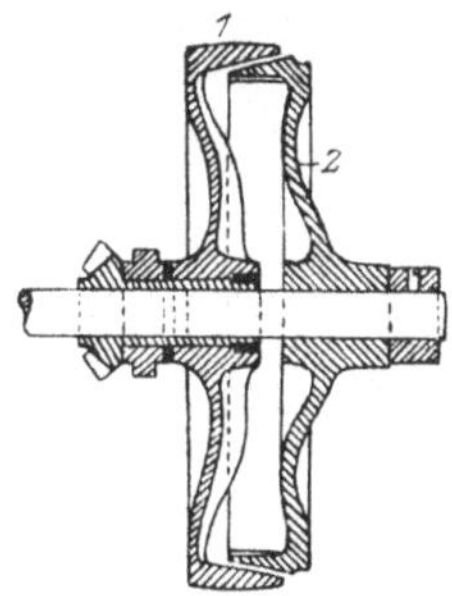

Abb. 204. Friktionskupplung.

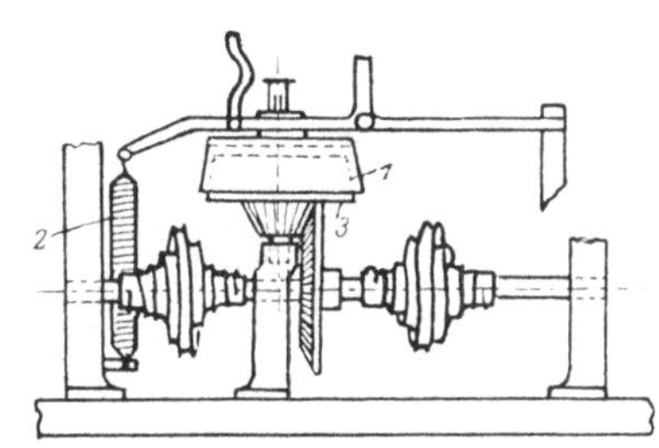

Abb. 205. Friktionskupplung beim Selfaktor.

Schaltrad schneller gedreht wird als Scheibe *3*, dann hebt die biegsame Feder *5*, die mit der Welle *1* sich bewegt, die Klinke *4* aus, und die Kupplung wird gelöst.

Häufig begegnen wir bei Textilmaschinen einer **Friktionskupplung**, die aus einem vollen und einem hohlen, mit Leder überzogenen Konus besteht, von denen der eine auf der Welle festsitzt, der andere lose. Durch Nähern oder Entfernen der Konusse *1* und *2* läßt sich die Kupplung schließen oder öffnen (Abb. 204).

Dieselbe ist besonders zur Vermeidung von Stößen sehr geeignet, die sich beim raschen Schließen anderer Kupplungen zeigen, weil die Konen nur

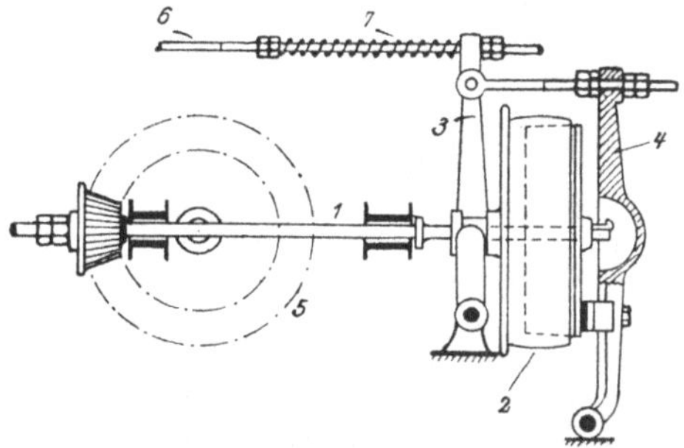

Abb. 206. Friktionskupplung beim Tuchwebstuhl.

langsam gegeneinander gedrückt werden und eine Zeitlang, bis die Geschwindigkeit beider Hälften gleich ist, aufeinander gleiten.

Abb. 205 zeigt eine solche **Friktionskupplung beim Selfaktor**, deren feste Hälfte *1* in beständige Rotation versetzt wird und im geeigneten Moment zufolge des Zuges der Feder *2* und durch ihr eigenes Gewicht mit der Kupplungshälfte *3* in Berührung kommt und dieselbe mitnimmt.

Eine ähnliche Vorrichtung für **Tuchwebstühle** zeigt Abb. 206. Die lose Kupplungshälfte *2* auf Welle *1*, die vom Riemen in konstante

Drehung versetzt wird, wird beim Einrücken des Stuhles durch die Gabel an die feste Hälfte *4* gedrückt; letztere nimmt dadurch an der Drehung teil und setzt die Hauptwelle *5* des Stuhles in Bewegung.

Damit der Druck der Scheibe *2* gleich bleibt, ist in die Stange *6* eine Druckfeder *7* eingeschaltet.

Ein Reibungstrieb vermittelt die Schaltung des Elektromotors mit dem Webstuhle laut Abb. 207 (Konstruktion der Siemens-Schuckert-Werke). Der Elektromotor *1* treibt mit dem Zahnrad *2*

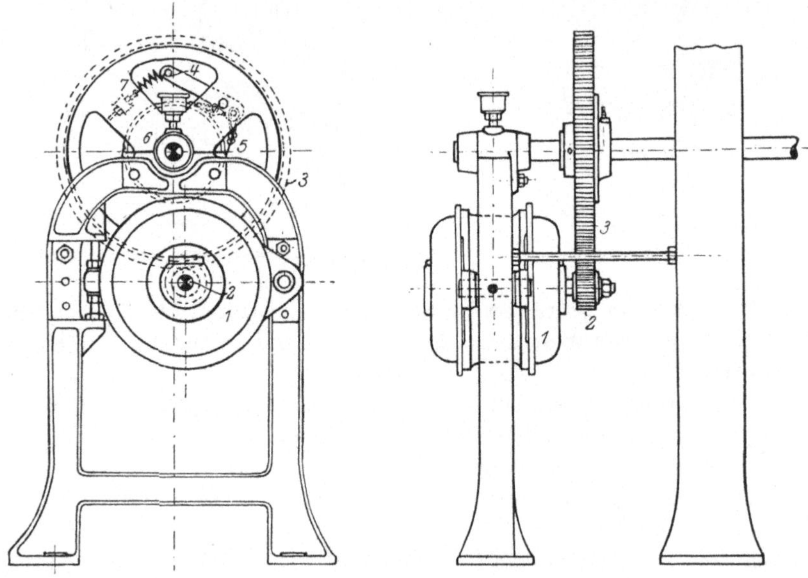

Abb. 207/a. Rutschkupplung beim Antrieb mit Elektromotor.

das lose auf der Welle sitzende Zahnrad *3*. Auf letzterem ist ein Zapfen *4* befestigt, der mit Hilfe des Bremsbandes *5* die auf der Welle befestigte Bremsscheibe *6* mitnimmt. Feder *7* dient zur Regulierung der Spannung, die so groß sein soll, daß die Bremsscheibe unter normalen Verhältnissen mitgenommen wird. Treten abnorme Widerstände auf, dann gleitet das Band auf der Scheibe.

2. Riemenverschiebungen, Auslösen von Reibungs- und Zahnrädern.

Die Verschiebung des Riemens von der festen auf die lose Scheibe kann mit der Hand oder automatisch erfolgen. Letzteres entlastet die Arbeiter und verringert eventuell deren Zahl.

Bei periodischen Bewegungen erfolgt die automatische Verstellung gewöhnlich mit einer Zählscheibe, die mittels eines hervorspringenden Stiftes die Verstellung veranlaßt oder verhindert.

Beim Selfaktor (Abb. 208) sucht Feder *1* die Riemengabel *2* beständig von der festen auf die lose Scheibe zu ziehen, wird aber daran durch Stange *3* und Stift *4* verhindert, der sich an den Umfang der unrunden Scheibe *5* legt. Erst wenn letztere so weit gedreht ist, daß der Stift sich bewegen kann, wird die Stange frei und die Gabel verschoben.

Etwas komplizierter ist die **Ausschaltung beim Selfaktor von Hartmann** mit dreierlei Riemenscheiben (Abb. 209).

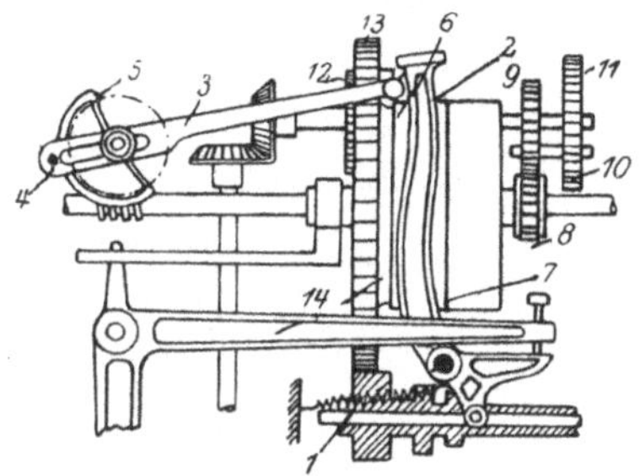

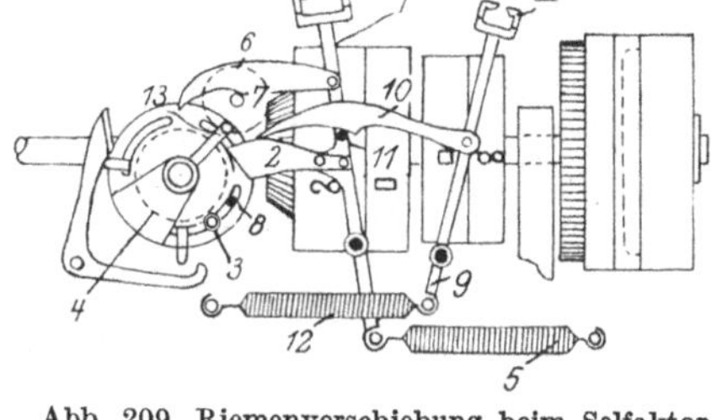

Abb. 208. Riemenverschiebung beim Selfaktor.   Abb. 209. Riemenverschiebung beim Selfaktor.

Die Verschiebung des Riemens der zweiten Geschwindigkeit *II* erfolgt mittels der Riemengabel *1*, deren Verlängerung *2* von dem Zapfen *3* der rotierenden Scheibe *4* weggeschoben wird.

Um nun die Rückführung der Riemengabel durch Feder *5* zu verhindern, wenn die Scheibe *4* weiterrotiert, ist an dieselbe noch der Arm *6* eingelenkt, dessen ausgeschnittenes Ende in den festen Zapfen *7* einklinkt und dadurch die Wirkung der Feder *5* neutralisiert. Dieser Zustand dauert so lange, bis Scheibe *4* so weit rotiert, daß ihr Zapfen *8* den Arm *6* aushebt.

In diesem Moment wird die Riemengabel *9* für die dritte Geschwindigkeit verschoben. An diese ist nämlich der Arm *10* eingelenkt, der bei der früheren Verschiebung der Riemengabel *1* von dem Stift *11* derselben festgehalten wurde. Wenn nun Arm *6* freigegeben wird, dann zieht Feder *5*, die stärker gespannt ist als Feder *12*, sowohl die Riemengabel *9*, wie mit Hilfe von Stift *11* die Gabel *1* nach links, wodurch Riemen *3* auf die feste, Riemen *II* auf die lose Scheibe gelangt.

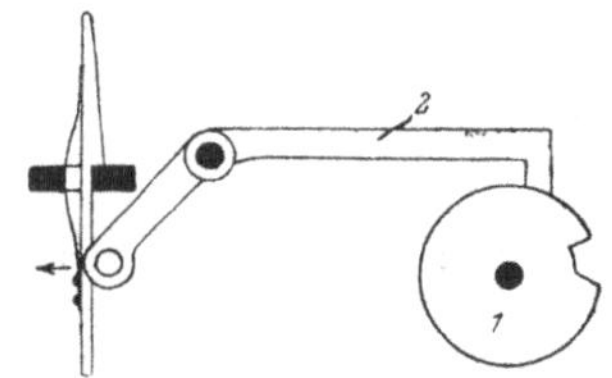

Abb. 210. Riemenverschiebung bei der Schärmaschine.

Dieser Zustand dauert so lange, bis Stift *13* der Scheibe 4 den Arm 10 aushebt, worauf die Feder *12* die Gabel *9* zurückzieht.

Die Verschiebung der Riemen ist also durch ein System von Stiften und Klinken geregelt, welche durch Drehen einer Scheibe im richtigen Moment zur Geltung gelangen.

Bei der **englischen Schärmaschine** hat die Verschiebung des Riemens nach Schären einer bestimmten Länge zu erfolgen (Abb. 210). Es dient zu diesem Zweck ein Zählrad *1*, das an einer Stelle seines Umfanges mit einem Ausschnitte versehen ist. Eine Klinke *2* gleitet auf

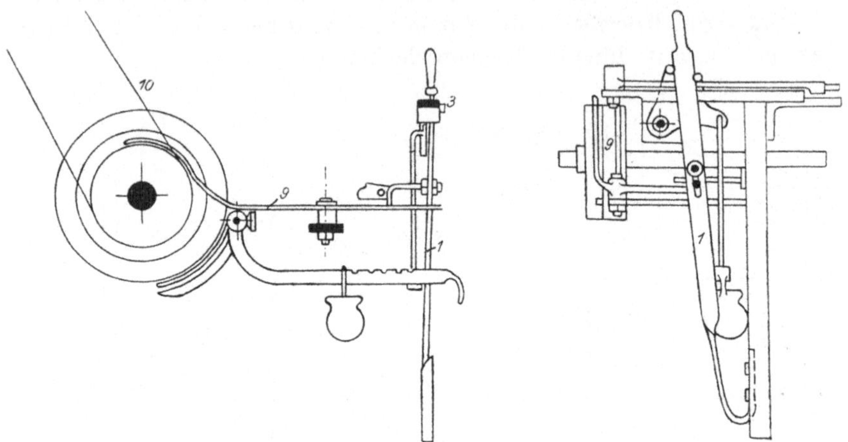

Abb. 211. Riemenverschiebung beim Webstuhle.

dem Umfang der Scheibe und fällt nach entsprechender Tourenzahl in diesen Ausschnitt, drückt mit dem anderen Ende auf einen Hebel, der in einem Ausschnitt ruht, und stößt denselben von dem Vorsprunge weg, wodurch die Riemengabel verschoben wird.

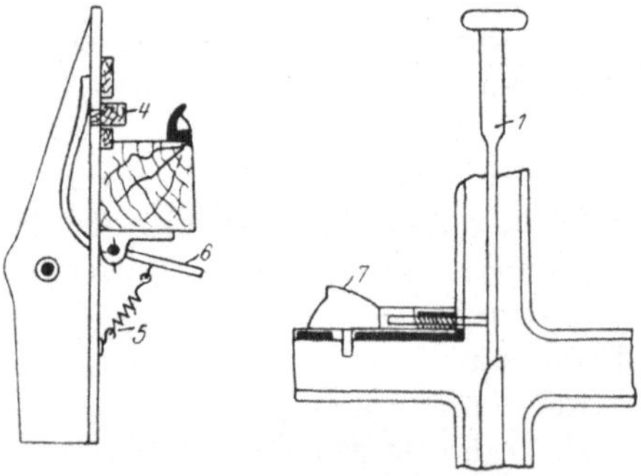

Oft ist das auslösende Moment ein Fehler oder eine Störung im Arbeitsprozeß, wie z. B. bei dem **Schützenwächter am mechanischen Webstuhl** oder bei der Abstellvorrichtung der Walke.

Bei ersterem (Abb. 211) ruht der federartig gespannte Hebel *1*, der die Riemengabel *9* verschieben kann, bei eingerücktem

Abb. 212. Abstellung beim Webstuhle.

Webstuhl auf dem Vorsprung *3*. Bleibt der Schützen im Fach stecken, dann muß der Stuhl abgestellt werden, damit Beschädigungen des Kettengarnes vermieden werden. Um dies zu erreichen, befindet sich an der Rückseite der Lade ein Fühler, die sog. Zunge *4* (Abb. 212), die durch Feder *5* beständig nach vorwärts gedrückt wird, jedoch für gewöhnlich durch den einlaufenden Schützen daran verhindert wird, so daß der mit der Zunge verbundene Stecher *6* über den sog. Frosch *7* hinweggleitet, wenn die Lade nach vorwärts schwingt.

Kommt der Schützen nicht in das Fach, dann drückt Feder *5* den Stecher nach abwärts, und dieser stößt an den Frosch *7*, derselbe stößt den Hebel *1*, so daß letzterer von dem Vorsprung *3* abspringt, in die ursprüngliche Lage zurückschnellt und die Riemengabel *9* mit dem Riemen *10* verstellt.

Beim Wiedereinrücken des Stuhles wird der Hebel *1* mit der Hand in der entgegengesetzten Richtung gedrückt, bis er sich an den Vorsprung *3* anlehnt.

Bei der Walke[1]) laut Abb. 213 soll die Maschine abgestellt werden, wenn in der Ware ein Knoten

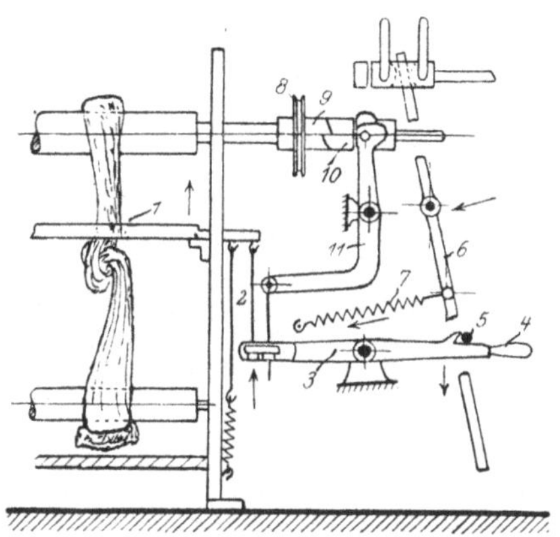

Abb. 213. Abstellung bei der Walke.

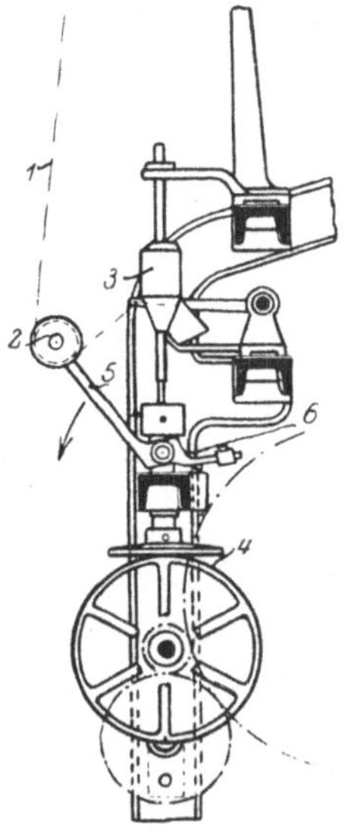

Abb. 214. Ausrücken bei der Schußspulmaschine.

gebildet wurde, der die regelmäßige Bewegung derselben hindern würde.

In diesem Falle nimmt der Knoten die Brille *1* mit, die Zugstange *2* hebt Hebel *3* an einem Ende, senkt dessen anderes Ende *4*, wodurch der Stützpunkt *5* der Riemengabel *6* frei wird und die Zugfeder *7* die Riemengabel zur Leerscheibe verschiebt. Bleibt der Warenstrang stehen, so dreht sich die auf der Welle lose sitzende Schnurscheibe *8* weiter, und ihre Kupplungsnasen *9* verschieben jene *10* nach rechts, und der Hebel *11* hebt Ausrückstange so wie früher an ihrem linken Ende in die Höhe.

Bei Friktions- und Zahnrädertrieb erfolgt das Ein- und Ausrücken einfach durch Näherstellen oder Entfernen der Reibungs- resp. Zahnräder. Das auslösende Moment ist gewöhnlich das Reißen des Garnes. Die Entfernung der Räder voneinander kann in radialer und axialer Richtung erfolgen[2]).

---

[1]) Kinzer: Technologie der Appretur S. 52.
[2]) Weisbach: Ingenieur- u. Maschinenmechanik III, 1, S. 858.

So wird bei der **Schußspulmaschine** laut Abb. 214 das Garn *1* um die Rolle *2* zur Spule *3* geführt und auf dieselbe aufgewickelt. Spule *3* erhält ihren Antrieb durch den Reibungstrieb *4*. Reißt der Faden, dann fällt Rolle *2* zufolge ihres Gewichtes und dreht den Hebel *5*, dessen exzentrisch geformter Teil *6* die wagerechte Reibungsrolle aufhebt, so daß

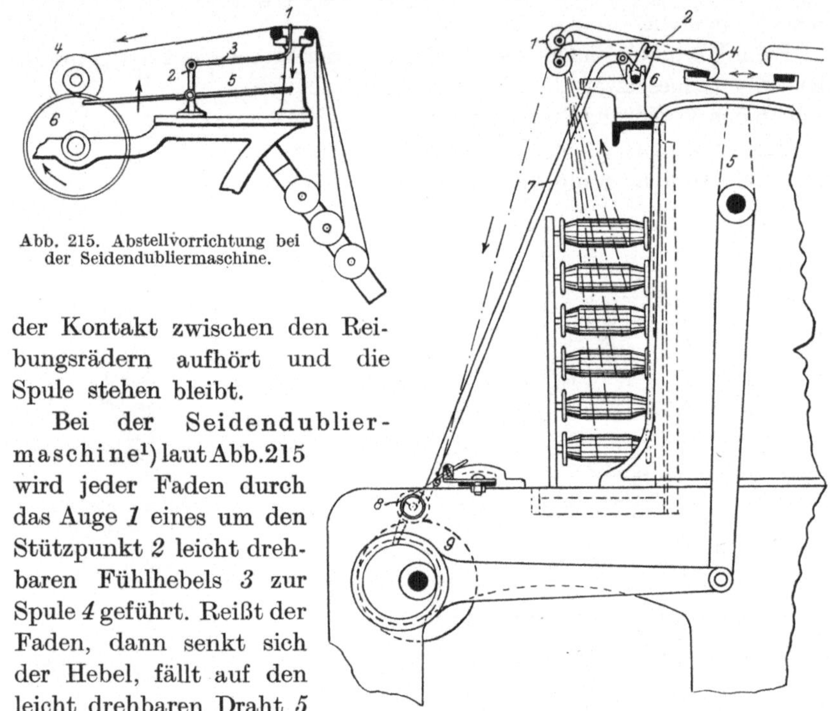

Abb. 215. Abstellvorrichtung bei der Seidendubliermaschine.

der Kontakt zwischen den Reibungsrädern aufhört und die Spule stehen bleibt.

Bei der **Seidendubliermaschine**[1]) laut Abb. 215 wird jeder Faden durch das Auge *1* eines um den Stützpunkt *2* leicht drehbaren Fühlhebels *3* zur Spule *4* geführt. Reißt der Faden, dann senkt sich der Hebel, fällt auf den leicht drehbaren Draht *5* und hebt sein anderes Ende, welches sich gegen

Abb. 216. Abstellvorrichtung bei der Seidendubliermaschine.

einen Zahn des mit der Spule *4* verbundenen Sperrädchens stemmt und die weitere Drehung der Spule hindert.

Bei der **Seidendubliermaschine**[2]) (Abb. 216) ist als auslösendes Moment ebenfalls die Fadenspannung benutzt, letztere aber noch durch einen schwingenden Hebel in ihrer Wirkung unterstützt.

Der Faden ist über Rolle *1* geführt und drückt mit seiner Spannung den linksseitigen Arm des Hebels *2*. Reißt der Faden, dann kippt der Hebel nach rechts, und sein Haken *4* schnappt in die Klinke des hin und herschwingenden Hebels *5*, der den Hebel *6* verdreht und mit der Stange *7* die Spule *8* von der Friktionsscheibe *9* abhebt.

---

[1]) **Weisbach**: Ingenieur- u. Maschinenmechanik III, 1, S. 894.
[2]) **Mikolaschek**: Mech. Weberei S. 121.

3. Wendegetriebe.

Wenn sich eine Welle abwechselnd nach vor- und rückwärts drehen soll, dann wendet man bei Riementrieb das in Abb. 217 gezeichnete Wendegetriebe an, welches aus drei Riemenscheiben besteht, von denen die mittlere *2* fest, die zwei seitlichen *3* lose auf der Welle *1* sitzen und aus einem offenen und einem gekreuzten Riemen, die abwechselnd auf die feste Scheibe *2* geschoben werden.

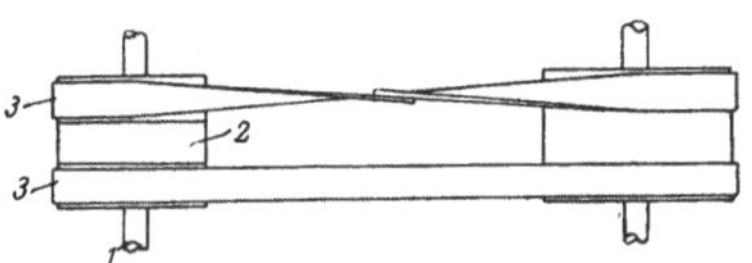

Abb. 217. Wendegetriebe bei Riementrieb.

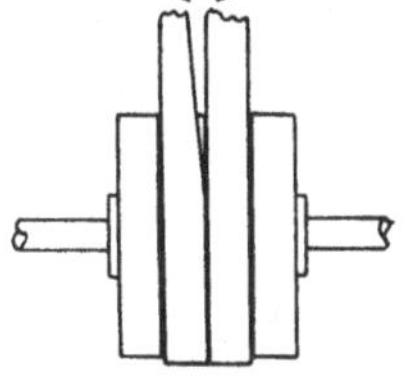

Abb. 218. Wendegetriebe
bei Riementrieb.

Zur Vermeidung von Störungen muß zuerst der eine Riemen auf die lose Scheibe überführt werden, bevor der andere auf die feste geleitet wird. Bei Stillstand laufen beide Riemen auf den Losscheiben.

Bei der Anordnung laut Abb. 218 sind auf den Seiten zwei feste, in der Mitte zwei lose, im ganzen also vier Riemenscheiben, und es werden beide Riemen mit Hilfe eines Hebels auf einmal in der einen oder anderen

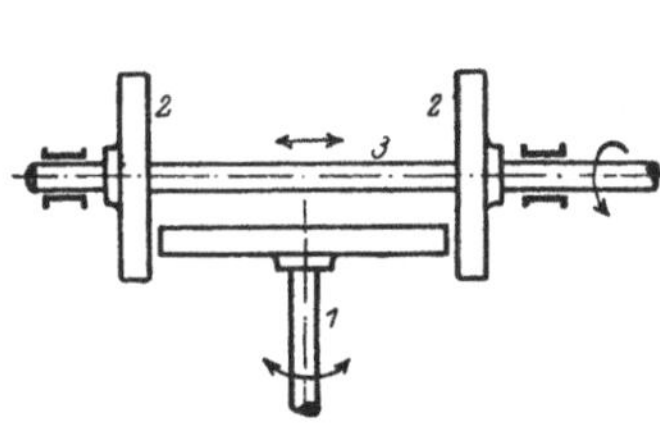

Abb. 219.
Wendegetriebe bei Reibungsrädern.

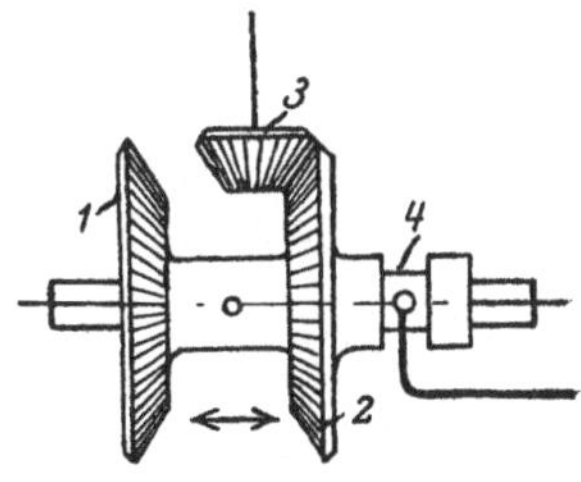

Abb. 220.
Wendegetriebe bei Zahnrädern.

Richtung verschoben. Zur Vermeidung von Irrtümern ist letzteres Getriebe zweckmäßiger, jedoch die Riemen leiden mehr als bei dem früheren.

Ein Wendegetriebe mit Hilfe von Reibungsrädern zeigt Abb. 219. Zwischen zwei auf einer horizontalen Welle *3* befindlichen Reibungsrädern *2* ist ein um eine vertikale Welle *1* drehbares Reibungsrad angebracht, dessen Durchmesser etwas kleiner ist als die Entfernung der beiden Räder *2*. Durch Verschieben der Welle *3* kommt entweder das rechte oder das linke Rad *2* in Berührung mit dem mittleren Rad, das hierdurch abwechselnd nach der einen oder anderen Richtung in Rotation versetzt wird.

Mit Zahnrädern läßt sich diese Aufgabe folgendermaßen lösen (Abb. 220): Zwischen zwei Kegelräder *1*, *2* kommt ein drittes Rad *3*,

welches abwechselnd mit Rad *1* und *2* kämmt und zwar dadurch, daß
letztere mit Hilfe einer Gabel *4* auf einer gemeinsamen Büchse in Richtung des Pfeiles verschoben werden.

Bei Selfaktoren findet man folgendes Wendegetriebe (Abb. 208).
Auf der Hauptwelle sitzt neben der festen Trommel *6* die lose Trommel *7*,
die mit Zahnrad *8* fest verbunden ist und mit Hilfe der Zahnräder *9* bis
12 das Stirnrad *13* und den daran befestigten und mit Leder überzogenen Konus *14* fortwährend in entgegengesetzter Richtung dreht als
Trommel *6*.

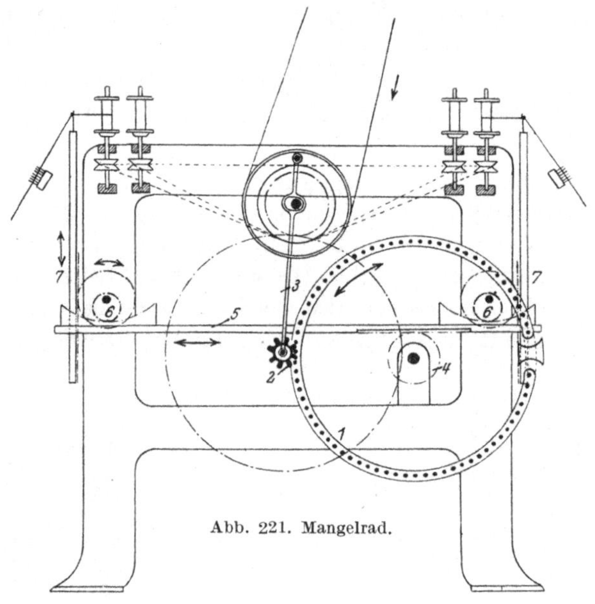

Abb. 221. Mangelrad.

Wird der Riemen von Trommel *6* auf *7* verschoben und Konus *14*
gleichzeitig in den Hohlkegel von Trommel *6* gedrückt, dann dreht sich
letztere Trommel zufolge der dreifachen Räderübersetzung in entgegengesetzter Richtung.

Ein altes Getriebe zum abwechselnden Vor- und Rückwärtsdrehen
ist das sog. Mangelrad (Abb. 221), das früher bei Spulmaschinen, bei
Karden zum Putzen der Deckel und bei anderen Maschinen mannig-
faltige Verwendung fand. Dasselbe besteht aus einem Rade, das am
Umfange mit Treibzähnen besetzt und an einer Stelle mit einer Lücke
versehen ist. Mit diesem Rad *1* kämmt das kleinere Rad *2*, welches sich
um Hebel *3* pendelartig bewegen kann.

Solange es auf der Außenseite von Rad *1* abrollt, dreht es dasselbe
in einer Richtung. An die Zahnlücke angelangt, tritt es durch dieselbe
auf die Innenseite von Rad *1* und dreht es in entgegengesetzter Richtung.

4. Schalt- und Hemmwerke.

Zur periodischen Ein- und Ausschaltung einer Bewegung dienen die verschiedenen Schalt- und Hemmwerke, deren sich die Textiltechnik in ausgiebigem Maße bedient.

Beim Flyer der Baumwollspinnerei wird z. B. ein Schaltwerk benötigt, welches die Auf- und Abwärtsbewegung des Spulenwagens in bestimmten Zeiträumen umschaltet. Die Hauptteile desselben sind

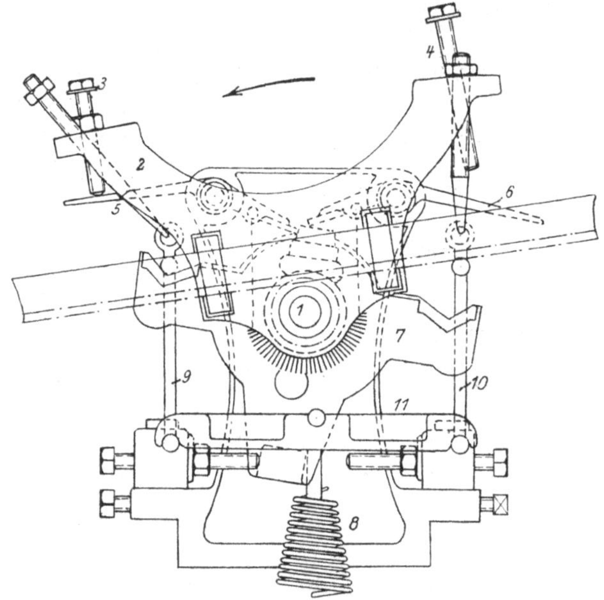

Abb. 222. Schalt- und Hemmwerk beim Flyer.

in Abb. 222 dargestellt. Auf Welle *1* sitzt lose ein Balancier *2*, welcher von einer Stange in Schwingungen versetzt wird und mit den Schrauben *3, 4* die Klinken *5, 6* abwechselnd auslöst, worauf der Teil *7* unter Einwirkung der Feder *8* nach rechts oder links schnellt.

Zur Spannung der Feder *8* dienen die Zugstangen *9* und *10* in folgender Weise. Wenn der Balancier *2* nach rechts schwingt, dann wird die Stange *10* in die Höhe gezogen, während Stange *9* in Ruhe bleibt. Der Hebel *11* dreht sich also um den Endpunkt der Stange *9* als einarmiger Hebel und spannt die Feder *8*.

Bei entgegengesetzter Schwingung des Hebels bildet der Endpunkt der Stange *10* den fixen Stützpunkt, um den sich jetzt Hebel *11* dreht und dadurch die Feder *8* wieder spannt.

Die gespannte Feder wirkt dann auf Teil *7* wie oben beschrieben und wird dadurch wieder entspannt.

Das Ganze ist somit ein sog. Spann- und Schaltwerk.

Zur periodischen Drehung der Steuerwelle des Selfaktors benutzt Platt folgendes zusammengesetztes Hemmwerk (Abb. 223)[1]. Der erste Teil besteht aus der Steuerwelle *1* und Scheibe *2*, welch letztere in verschieden langen Perioden um je 90° gedreht werden soll. Auf der Welle *1* sitzt festgekeilt außer der Friktionsscheibe *2* eine Scheibe *3*, welche auf der vorderen Seite vier Anstoßknaggen *4*, auf der hinteren Seite vier zylindrische Stifte *5* trägt.

Den Anstoß zur ersten Drehung gibt der Hebel *6*, welcher von Feder *7* etwas emporgedrückt wird, so daß er den Zapfen *5* dreht. Wenn die Drehung eingeschaltet ist, wird die Scheibe *2*, welche auf Welle *1* sitzt und mit vier kleinen Ausschnitten versehen ist, so weit gedreht, daß ihr Umfang mit dem Reibungsrad *8* in Berührung kommt und von diesem weitergedreht wird. Die Drehung dauert so lange, bis eine auf der anderen Seite der Scheibe befindliche Knagge *4* mit Arm *9* in

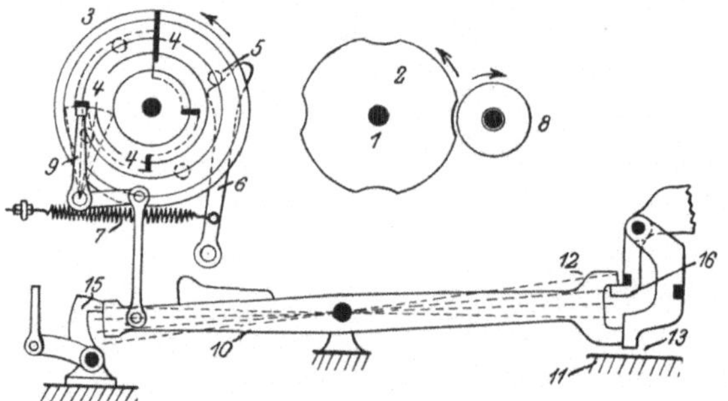

Abb. 223. Schalt- und Hemmwerk beim Selfaktor.

Berührung kommt, welcher die Scheibe an der weiteren Drehung hindert, bis er seinerseits von Hebel *10* verstellt wird. Drehung und Stillstand der Scheibe *2* hängen also von der Lage des zweiarmigen Hebels *10* ab, dessen rechter gabelförmiger Arm etwas schwerer ist als der linke und sich auf Platte *11* zu stützen sucht (Abb. 223).

Bei Einfahrt des Wagens wird der linke Arm in die tiefste Stellung herabgedrückt, durch einen in der Zeichnung nicht angegebenen Knaggen, und der rechte Arm lehnt sich in seiner höchsten Stellung an Klinke *13*, die sich gegen den unteren Gabelzinken *12* anlegt.

Bei Ausfahrt des Wagens, wenn er die äußerste Stellung erreicht hat, senkt sich der rechte Arm des Hebels, Klinke *13* wird zurückgeschoben, und Hebel *10* wird nun von Klinke *15* erfaßt und festgehalten.

Nach einer weiteren Zeit wird Klinke *15* zurückgeschoben, der rechte Arm des Hebels *10* kann sinken, der linke steigen, bis er von Klinke *16* erfaßt wird. Wenn auch diese Klinke den Hebel frei gibt, dann sinkt der rechte Arm in seine tiefste Lage, wo er sich auf Platte *11* stützt.

Die Mittellinie des Hebels *11* nimmt also sukzessive vier in der Abbildung punktiert bezeichnete Lagen an, die den Vierteldrehungen der Steuerwelle entsprechen.

---

[1] Reuleaux: Kinematik II, S. 626.

Während hier das Ein- und Ausschalten in bestimmten Perioden erfolgt, kommt es bei anderen Maschinen nur in gewissen Zeitpunkten zur Anwendung.

Ein gutes Beispiel bietet die Auslösung des Schlagmechanismus bei pic-à-pic-Webstühlen. Hier befinden sich auf beiden Seiten des Stuhles Schützen und der Schlag muß je nach dem Muster auf der einen oder anderen Seite ausgeschaltet werden, weil bei beiderseitigem Schlage die Schützen in der Mitte ihres Weges zusammenstoßen würden.

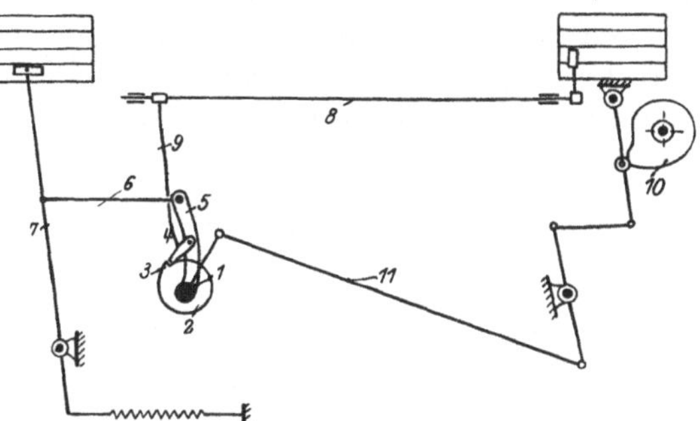

Abb. 224. Auslösung des pic-à-pic-Schlages.

Laut Abb. 224 sitzt auf Welle *1* auf jeder Seite des Stuhles eine Scheibe *2* mit Ausschnitt *3*, die in geeignetem Momente durch Exzenter *10* und Zugstangen *11* eine kurze rasche Drehung erhält. Ist Klinke *4* eingeschaltet, dann überträgt sich diese Bewegung auf diese Klinke und auf Hebel *5* und wird durch Riemen *6* auf Schlagstange *7* übertragen, die auf den Schützen einwirkt.

Ist jedoch die Klinke ausgeschaltet, dann verläuft die Drehung der Scheibe *2* ohne weitere Einwirkung auf den Schlag. Das Ausheben der Klinke erfolgt durch den Schützen, der sich auf der entgegengesetzten Seite des Stuhles im Kasten befindet und durch Drehen der Stange *8* und Ziehen der Schnur *9* die Klinke *4* ausschaltet.

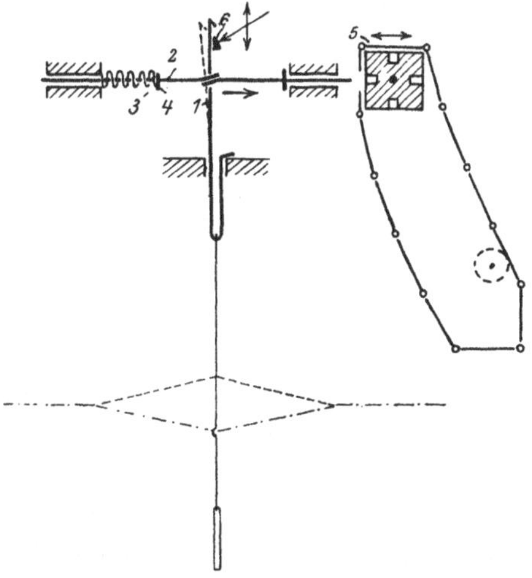

Abb. 225. Platine der Jacquardmaschine.

Eine spezielle Art der Schaltung bietet die Textiltechnik in der Jacquardmaschine und bei allen jenen Maschinen, die auf Grund desselben Prinzipes gebaut sind und zur Musterung der Gewebe dienen.

Die hier angewendeten Klinken werden Platinen genannt und die Art ihrer Wirkungsweise ist aus folgender Abb. 225 zu verstehen.

8*

Platine *1* wird von der Nadel *2* umfaßt, die durch Feder *3*, welche sich einerseits an die feste Gestellwand, andererseits an einen Knopf *4* der Nadel lehnt, beständig in der Richtung des Pfeiles gedrückt, durch die ungelochte Karte *5* aber zurückgedrückt wird und die punktiert gezeichnete Stellung einnimmt. Befindet sich jedoch in der Karte an der entsprechenden Stelle ein Loch, dann kann die Wirkung der Feder zur Geltung kommen, die Nadel wird verschoben und tritt in das entsprechende Loch des Kartenzylinders. Die Platine *1* gerät dadurch in eine solche Stellung, daß sie vom Messer *6* erfaßt und gehoben werden kann.

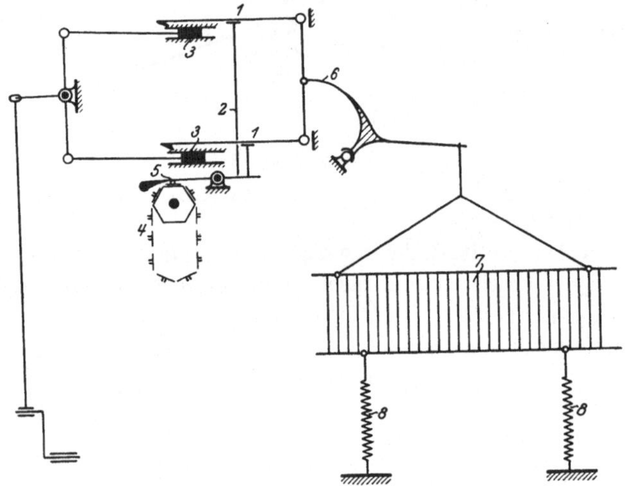

Abb. 226. Platinen der Schaftmaschine von Hattersley.

Das Heben und Liegenbleiben der Platinen und mit ihnen der Fäden des Gewebes hängt also von der Art der Lochung der Karte ab.

Dasselbe Prinzip der Musterung wird in den verschiedensten Variationen bei zahlreichen Maschinen der Textiltechnik angewendet, da das Ein- und Ausschalten einer gewünschten Bewegung durch einfaches Durchlochen einer Karte an bestimmten Stellen erreicht werden kann.

Die Schaftmaschine von Hattersley (Abb. 226) benutzt zur Bewegung der Platinen *1* ebenfalls Nadeln *2*, die die Platinen heben und senken und so in den Bereich der Messer *3* bringen, zur Bewegung der stärkeren Nadeln jedoch keine Pappkarte, sondern hölzerne Karten mit Holzpflöcken *4*, die auf den zweiarmigen Hebel *5* und indirekt auf die Nadeln wirken. Platinen *1* heben durch Winkelhebel *6* die Schäfte *7*, zu deren Herabziehen Federn *8* dienen.

Die weitere Verfeinerung des Musterapparates hat dazu geführt, daß man statt der steifen und teuren Pappkarten solche aus dünnerem

Papier in Anwendung brachte. Damit diese von den Nadeln nicht durchlocht werden, wurde das Anbringen eines Zwischenapparates erforderlich.

Laut Abb. 227 drücken die dünnen Papierkarten auf die von leichten Federn gedrückten Nadeln *1*, die die Zwischenhebel *2* verstellen, so daß sie von den Klinken *3* entweder gehoben werden und ihrerseits die Platinen *4* heben, oder von den Klinken abrutschen und liegenbleiben.

Bei der Verdolmaschine (Abb. 228) ist die Verfeinerung auf folgende Weise durchgeführt. Die Platinen, Messer und Nadeln der gewöhnlichen Jacquardmaschine *1* sind mit einer vorgebauten zweiten Maschine *2* versehen, die aus denselben Teilen besteht, jedoch in verfeinerter Ausgabe.

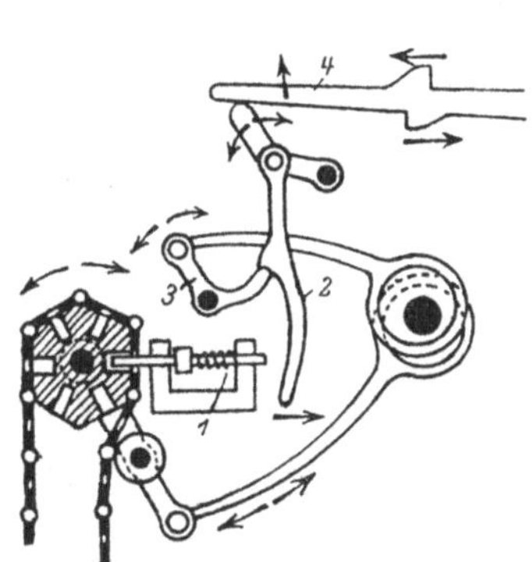

Abb. 227. Platinen der Schaftmaschine mit Pappkarten.

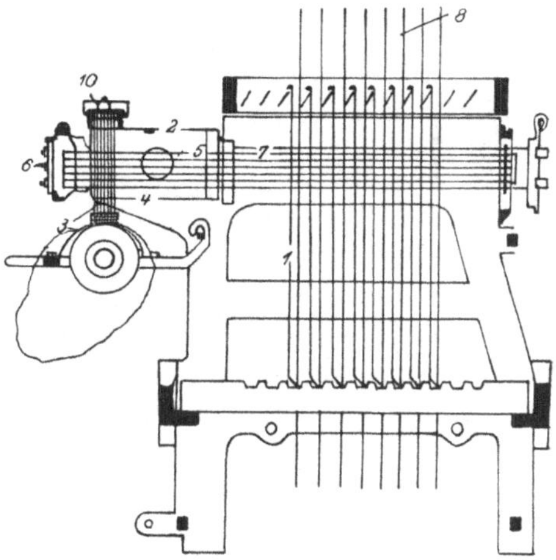

Abb. 228. Platinen der Verdolmaschine.

Die Karte aus dünnem, aber festem Papier *3* wirkt vor allem auf die vertikal stehenden Nadeln *4*, die durch Platte *10* auf und ab bewegt werden und in die gelochten Stellen eintreten, von den ungelochten Stellen zurückgehalten werden. Diese Nadeln sind von wagerechten Nadeln *5* umfaßt, die dem Muster entsprechend in wagerechter Lage verharren oder etwas gehoben werden.

Der Druckapparat *6* verschiebt die gehobenen Nadeln, die nun ihrerseits die Nadeln *7* der Jacquardmaschine verschieben und so, wie früher beschrieben, auf die Platinen *8* einwirken.

Bei Textilmaschinen ist, wie erwähnt, das Moment zum Ein- oder Ausschalten der Bewegung häufig durch das Reißen des Fadens gegeben.

Die Fäden müssen also bei normalem Betrieb durch ihre Spannung einzelne Teile hochhalten oder verstellen, die beim Reißen derselben durch ihr Gewicht den Auslösmechanismus in Betrieb setzen.

Einige Beispiele mögen die Art dieser Hemmwerke veranschaulichen.

Bei der **Baumwollschärmaschine** (Abb. 229) sind auf die einzelnen Fäden Reiter *1* aus gebogenem Draht gesetzt, die bei Fadenbruch herabfallen und zwischen die sich drehenden Walzen *2* und *3* gelangen und von hier in das Reservoir *5*. Von den Walzen ist *3* festgelagert, während Walze *2* in den Hebel *4* gelagert ist und durch den Reiter in der Richtung des Pfeiles verschoben wird.

Hierdurch wird die Stange *4*, in welche die Walze gelagert ist, mitgenommen und drückt mit ihrem Ansatz *6* auf den Ausrückhebel *7*, der die Maschine abstellt.

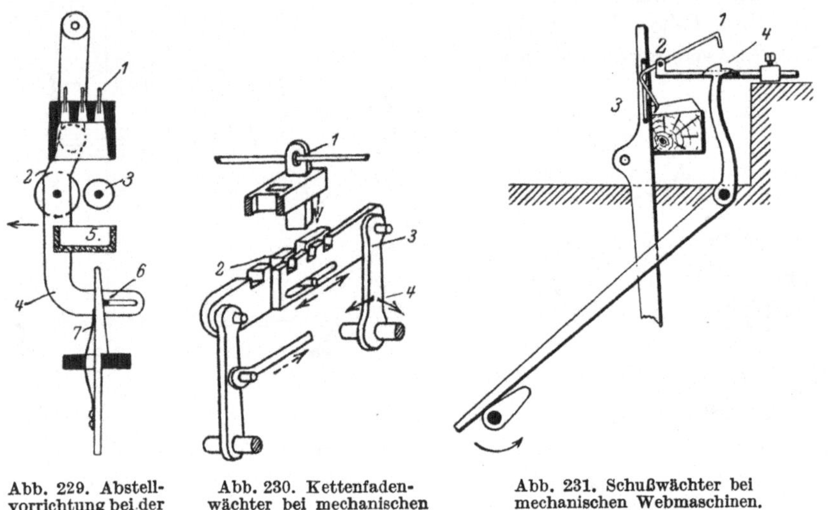

Abb. 229. Abstellvorrichtung bei der Schärmaschine.

Abb. 230. Kettenfadenwächter bei mechanischen Webstühlen.

Abb. 231. Schußwächter bei mechanischen Webmaschinen.

Zum Ausrücken des Webstuhles bei Kettfadenbruch dienen zahlreiche Hemmwerke, von denen eines aus der Abb. 230 zu verstehen ist.

Die Fäden sind hier durch kleine durchlochte Platten *1* gezogen, welche bei Fadenbruch herabfallen. Unter den Fäden sind zwei gekerbte Schienen *2* und *3*, von denen *2* eine fortwährende Schwingung vollführt, *3* an dieser nur dann teilnimmt, wenn eine herabgefallene Platte die zwei Schienen momentan verbindet. Schiene *3* rückt dann durch Stange *4* die Maschine aus.

Die gewöhnliche Abstellvorrichtung bei Schußfadenbruch zeigt Abb. 231. An einem Ende des Blattes sitzt eine kleine Gabel *1*, die um Zapfen *2* drehbar ist und mit dem schweren rechten Arme nach abwärts schwingen würde, wenn sie hieran nicht durch die Spannung des Schußfadens verhindert würde, der gegen die Zinken *3* der Gabel drückt und so den rechten Arm hebt.

Reißt der Schußfaden, dann senkt sich das rechte Ende der Gabel, gelangt in den Bereich des hin und her schwingenden Hakens *4* und wird mit dem Stützpunkt der Gabel zusammen verschoben.

Diese Bewegung löst den Abstellmechanismus aus.

V. Führung.
1. Bei Drehungen.

Die Teile zur Führung der drehenden Maschinenelemente weichen von den im allgemeinen Maschinenbau verwendeten Lagern kaum ab.

Besondere Erwähnung verdienen die Lager der Spindeln, die wegen der hohen Tourenzahl (6000 bis 11 000 in der Minute) mit besonderer Sorgfalt hergestellt werden, um allen Anforderungen bezüglich Warmlaufen, Ölen, Auswechseln usw. zu genügen.

Die erste brauchbare Konstruktion war die sog. Rabbethspindel[1]) (Abb. 232), bei der die Stahlspindel *1* mit der Hülse *2* und dem zusammengegossenen Schnurwirtel *3* in fester Verbindung steht.

Der untere Teil des Lagers *4* ist ein Fußlager, der obere enthält ein Halslager *5* mit Phosphorbronzeeinlage, das Innere kann mit Öl für mehrere Monate gefüllt werden.

Spule *6* wird auf Messingunterlage *7* aufgezogen und zentriert.

Das ganze Lager kann mit Schraube *8* an dem Wagengestell befestigt werden.

Die wichtigste Neuerung an Lagern, die Kugellager, finden in der Textiltechnik eine stetig zuneh-

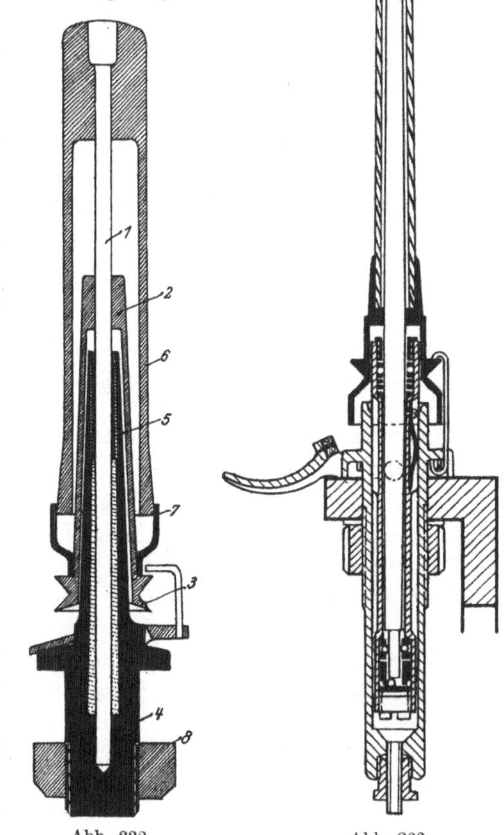

Abb. 232.
Rabbethspindel.

Abb. 233.
Kugellager für Spindeln.

[1]) Vgl. Müller: Handbuch der Spinnerei S. 160.

mende Verwendung, da die Ersparnisse an Betriebskraft und Öl die höheren Anschaffungspreise bald bezahlt machen.

Bei Spindeln boten sich anfangs manche Schwierigkeiten, weil dieselben vibrierten, jedoch ist es jetzt gelungen, mit Spindeln aus Werkzeugstahl mit gehärteten Laufstellen ruhigen Gang zu erzielen.

Abb. 233 zeigt eine Kugellagerspindel mit Zentralschmierung, bei der die Spindel oben mit elf Kugeln, unten mit acht und an der Lauffläche mit einer Kugel gestützt ist und das Öl allen Spindeln durch unten anzuschließende Röhrchen aus einem gemeinschaftlichen Füllgefäß zufließt.

Bei Webstühlen konnten sich die Kugellager bis jetzt nicht allgemein einbürgern.

2. Bei fortschreitenden und schwingenden Bewegungen.

Die Geradführung erfolgt bei Textilmaschinen in ähnlicher Weise wie bei Werkzeugmaschinen durch Prismen oder Zylinderführung.

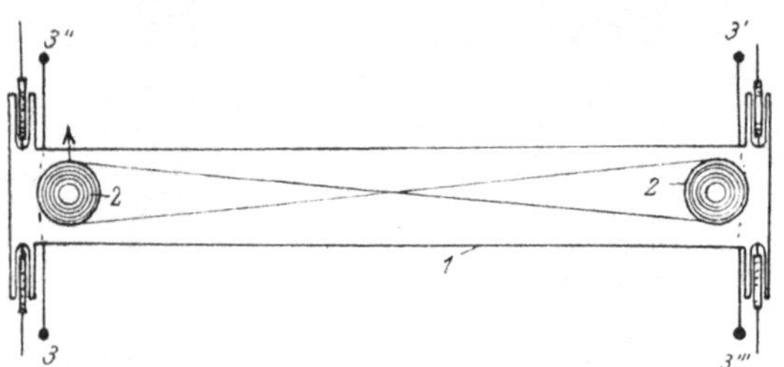

Abb. 234. Führung des Wagens beim Selfaktor.

Dieselbe spielt namentlich bei der Wagenbewegung aller Spinn-, Zwirn- und Spulmaschinen eine Rolle, ist jedoch wegen der langsamen Bewegung und den kleineren Seitendrücken viel leichter zu verwirklichen als bei Werkzeugmaschinen. Schwierigkeiten verursacht nur die Länge der Wagen, die bei ungenauer Bearbeitung der Führungen leicht ecken.

Zur Geradführung des Wagens benutzte man beim Selfaktor früher folgende Vorrichtung[1]): Zum Wagen *1* sind zwei Schnüre *3 3'* und *3'' 3'''* geführt (Abb. 234), deren eines Ende am Boden befestigt ist, während das andere im Wagen über horizontale Rollen *2* geführt wird, so daß sich die zwei Schnüre kreuzen. Bleibt nun das eine Ende des Wagens zurück, dann wird die eine Schnur schlaff, während die andere sich spannt und zufolge ihrer Spannung das andere Ende des Wagens zieht, bis sich die Spannung ausgleicht.

Bei schwingenden Bewegungen erfolgt die Führung meistens durch die Getriebe.

---

[1]) Weisbach: Ingenieur- u. Maschinenmechanik III, 1, S. 549; weitere Parallelführungen siehe Reuleaux: Kinematik II, S. 328.

3. Bei zusammengesetzten Bewegungen.

Es kommt in der Textiltechnik häufig vor, daß einzelne Teile nicht in eigentlicher Geradführung, sondern auf mannigfaltigst gestalteten krummen Bahnen geführt werden müssen.

Bei der Holdenschen Kämmaschine (Abb. 235) wandern z. B. die Rollen *1* auf einer kreisförmigen Bahn *2*, die an verschiedenen Stellen

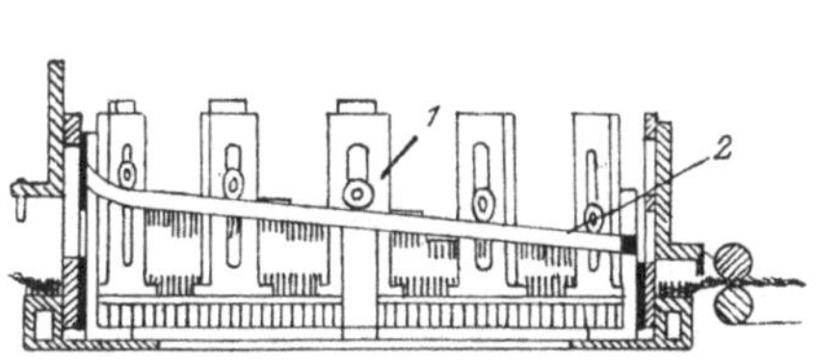

Abb. 235.
Führung bei der Kämmaschine von Holden.

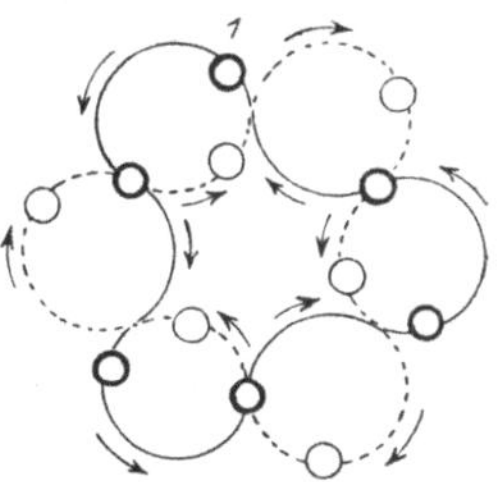

Abb. 237. Führung bei
Flechtmaschinen.

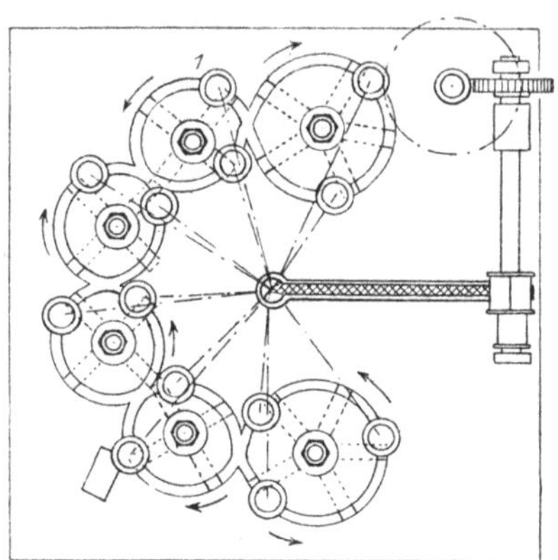

Abb. 236. Führung bei Flechtmaschinen.

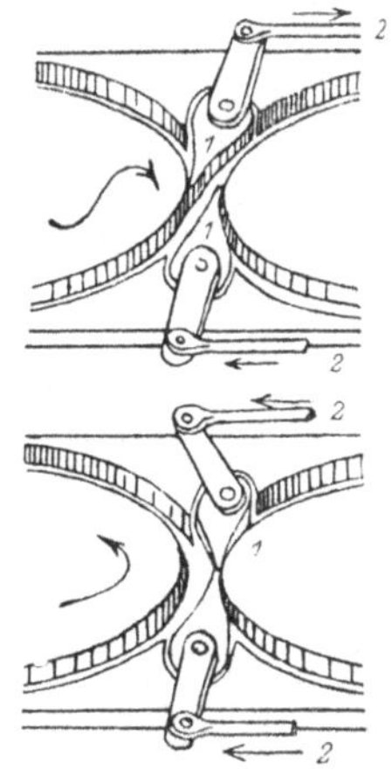

Abb. 238. Führung bei Flechtmaschinen mit Weichen.

verschieden hoch ist und dadurch die Rollen zwingt, höher zu steigen oder tiefer sich zu senken.

Bei den Flechtmaschinen werden die Klöppel *1* (Abb. 236 u. 237) gezwungen, auf kreisförmigen Bahnen zu wandern, die sich je nach dem herzustellenden Muster in verschiedener Zahl und Weise aneinanderschließen (Abb. 237). Manchmal sind die Bahnen mit förmlichen Weichen *1* versehen[1]) (Abb. 238), die das Weiterfortschreiten in der einen Richtung gestatten, in der anderen verhindern und durch Zugstangen *2* im geeigneten Moment bewegt werden.

[1]) Rohn: Die Garnverarbeitung S. 119.

Die wandernden Deckel der Karden sind nach dem Schleifen der Kratzen so zu führen, daß ihr Beschlag von der Haupttrommel in gleichem Abstand bleibe. Als charakteristische Führung dieser Art hebe ich diejenige der Mülhausener Fabrik hervor, bei der die Deckel von einer archimedischen Spirale unterstützt und von ihr geführt werden (Abb. 239)[1].

Die Konstruktion dieser Spirale können wir folgendermaßen durchführen; wir zeichnen um den Mittelpunkt O neun äquidistante konzentrische Kreise und tragen den Bogen ab von dem Kreise I zum Kreise II, von II zu III usw., immer um einen Kreis weiter einwärts. Die Punkte, die wir dergestalt erhalten, verbinden wir durch eine krumme Linie, die näherungsweise eine archimedische Spirale darstellt, da ihr

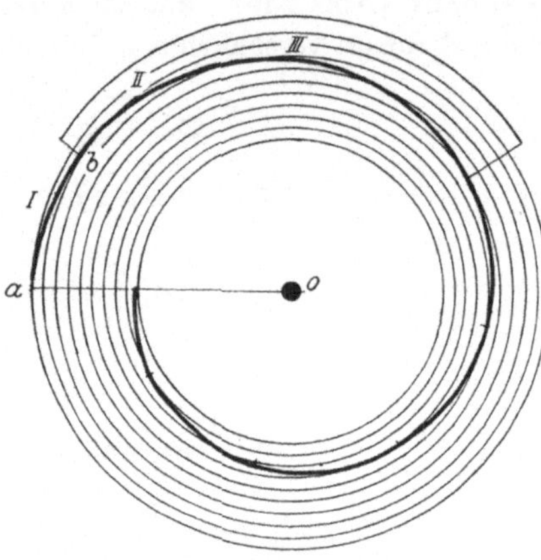

Abb. 239. Führung bei Kardendeckeln.

Radius zum Winkel proportional wächst. Diese Spirale bildet die Unterstützung für die Führung, deren äußerer Bogen mit den Kreisen um O

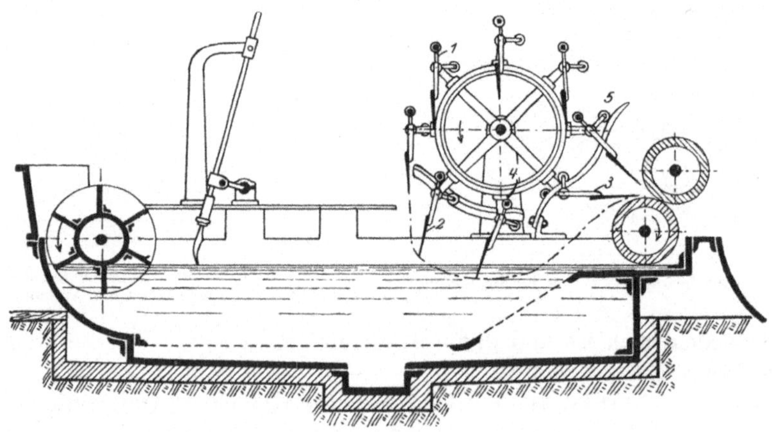

Abb. 240. Führung bei der Waschmaschine Leviathan.

konzentrisch ist. Wird die Führung verschoben, dann nähert sich jeder ihrer Punkte um das gleiche Stück dem Mittelpunkte.

Bei manchen Textilmaschinen werden Hebel mit ihrem Zapfen im Kreise herumgeführt, andere ihrer Teile gezwungen, bestimmte Bahnen

---

[1] Johannsen: Die Baumwollspinnerei. S. 527. I.

zu beschreiben, wodurch die Hebel eigentümliche Bewegungen machen.

Bei der Leviathanmaschine (Abb. 240) werden die Winkelhebel *1* im Kreise herumgeführt und an einer Stelle von der gekrümmten Bahn *2* und *3* gezwungen, mit den Rollen *4* und *5* den Krümmungen der Bahn zu folgen. Die Winkelhebel gelangen demzufolge unten in eine geneigte, später in eine wagerechte und endlich wieder in die ursprüngliche vertikale Stellung.

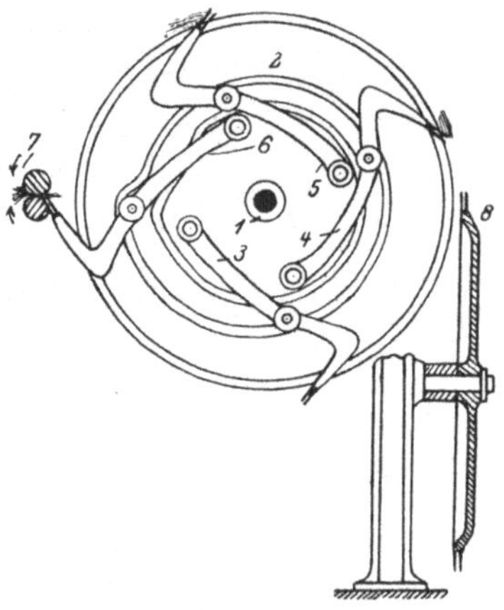

Abb. 241. Führung bei der Kämmaschine von Donisthorpe.

Die Kämmaschine von Donisthorpe und Whitehead[1]) (Abb. 241) ist mit einer auf Welle *1* befestigten rotierenden Scheibe *2* versehen, auf welcher die Drehzapfen von vier Hebeln *3, 4, 5, 6* befestigt sind, die an der Drehung teilnehmen. Ein anderer Zapfen der Hebel ist gezwungen, einer krummen Nutenbahn zu folgen, so daß das Ende der Hebel sich abwechselnd vorwärts bewegt und zurückzieht und durch seine Bewegungen die Wolle von den Walzen *7* an den Kammring *8* überträgt.

Bei der Marsdenschen Kettenhechelmaschine[2]) sind die Wellen *1* mit Scheiben *2* versehen, an denen sechs Schleifen *3* angebracht sind. Die Hechelstäbe *4* können sich mit Hilfe der Stäbe *5* um die Zapfen *6* drehen, wobei ihre Zapfen *4* in der zu *6* zentrischen Schleife geführt werden und ihre Lenker *7* mit dem Ringe *8* um die exzentrisch zur Welle *1* befestigte Scheibe *9* drehen. Die Stellung und Exzentrizität der Scheibe *9* ist derartig, daß die Nadeln

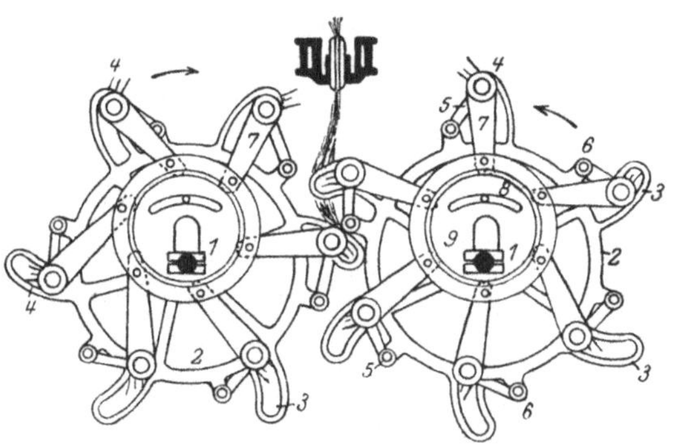

Abb. 242. Führung bei der Marsdenschen Kettenhechelmaschine.

der Hechelstäbe oben möglichst senkrecht in die Fasern einstechen und unten sich zurückziehen, damit die Fasern geschont werden. Die Füh-

---

1) Weisbach: Ingenieur- u. Maschinenmechanik III, 1, S. 817.
2) Weisbach: Ingenieur- u. Maschinenmechanik III, 3, S. 1611.

rung der Hechelstäbe erfolgt also an zwei Punkten derselben: der eine
Punkt wird im exzentrischen Kreise, der andere in den Schleifen geführt, die selbst wieder eine Kreisbewegung vollführen.

Ähnlich wirkt eine Seidenmerzerisierungsmaschine (Abb. 243),
welche die Strähne mit einer Scheibe *1* im Kreise herumführt und hierbei die Spannrollen *2* durch eine exzen-
trische Scheibe *3* durch Winkelhebel *4*
und Leitrollen *5* bewegt.

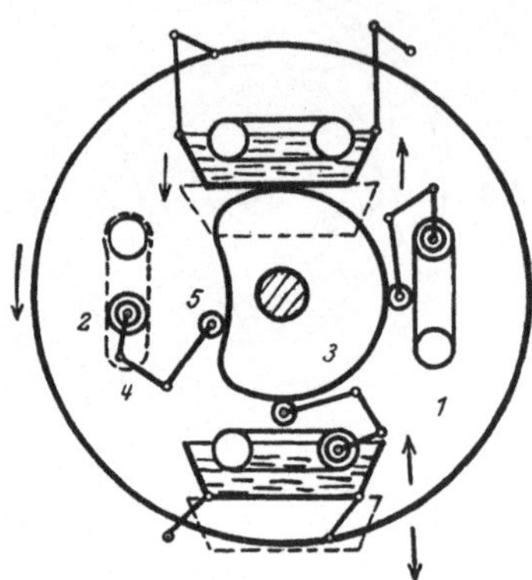

Abb. 243. Führung bei der Seidenmerzerisierungsmaschine.

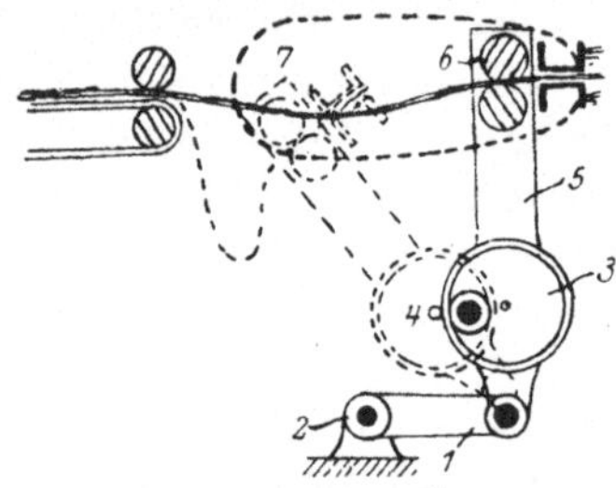

Abb. 244. Führung bei der Kämmaschine
von Holden.

Während bei den jetzt beschriebenen Mechanismen die Führung durch
feste Bahnen erzwungen wurde, wird dieselbe bei den folgenden durch
verschiedene Getriebe erzeugt, deren einzelne Punkte bestimmte Bahnen
beschreiben.

Das Getriebe zum Antrieb der Speisewalzen bei der Holdenschen Kämmaschine[1]) (Abb. 244) z. B. besteht aus dem Arm *1*, der
um Zapfen *2* schwingt, aus dem Exzenter *3*, der um
Welle *4* rotiert und eine kurze Kurbel vertritt, ferner aus der verlängerten Stange *5*, welche das Exzenter *3* mit einem Ringe umfaßt und am Ende die
Walzen *6* trägt, die eine ovale Kurve beschreiben
und dadurch die Wolle den Nadeln zutragen.

Das Getriebe ist ein typisches Kurbelviereck,
dessen Punkt *7* eine sog. Koppelkurve beschreibt.

Bei der Wollwaschmaschine Leviathan
(Abb. 245) wird der Rechen zum Weiterschieben der
Wolle manchmal durch ein gewöhnliches Kurbel-
viereck angetrieben. Kurbel *1* bildet mit Stange *2* und
Lenkerstange *3* ein vollkommenes Kurbelviereck,
das Ende *4* der Stange beschreibt eine ovale Kurve.

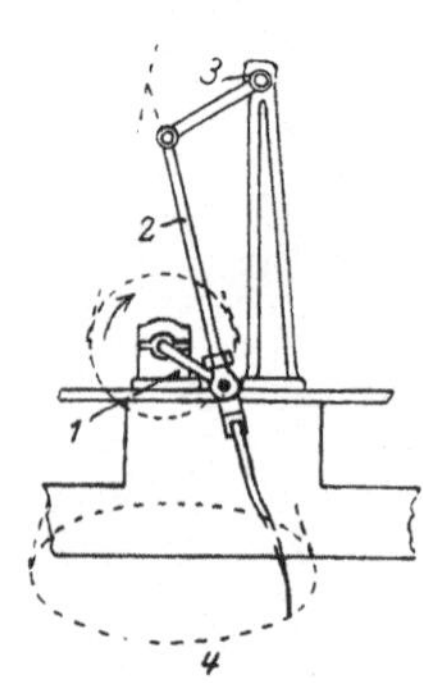

Abb. 245. Führung bei der
Wollwaschmaschine.

Bei der Strähnbürstmaschine von Timmer[2]) (Abb. 246) treibt
Kurbel *1* mit Stange *2* den im Zapfen *3* befestigten Arm *4* mit der Bürste *5*

---

[1]) Müller: Handbuch der Spinnerei S. 401.
[2]) Mikolaschek: Mech. Weberei I, S. 74.

so daß dieselbe beim Vorwärtsgang in den Strähn eindringt, beim Rückwärtsgang sich aus demselben heraushebt und hierbei eine ovale Kurve beschreibt.

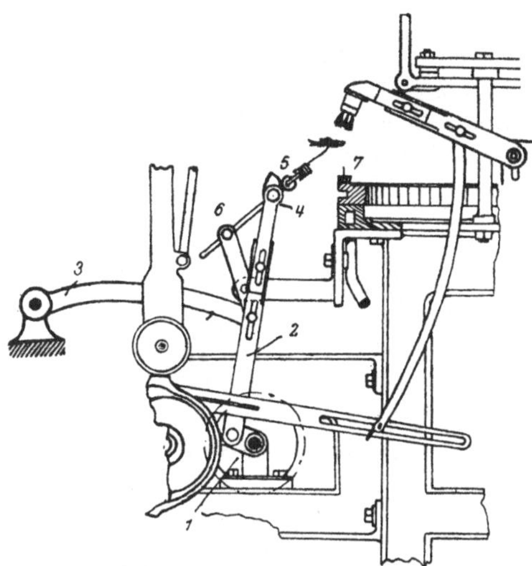

Abb. 247. Führung bei der Kämmaschine von Lister.

Eine Kombination des Kurbelviereckes mit einer Gleitstange zeigt die Kämmaschine von Lister (Abb. 247). Kurbel *1* und *3* bildet mit Stange *2* ein Kurbelviereck, dessen Punkt *4* eine Koppelkurve beschreibt. In diesen Punkt ist eine Stange *5* eingelenkt, deren eines Ende *6* in einer Hülse gleitet, während das andere Ende *7* eine ovale Bahn beschreibt und den zu kämmenden Wollbart vom Speiseapparat zu den Kammnadeln überträgt.

Auch die schwingende Kurbelschleife (siehe S. 51) wird verwendet, um kompliziertere Punktbahnen zu erzeugen.

Der Rechen des Leviathans, einer zum Waschen

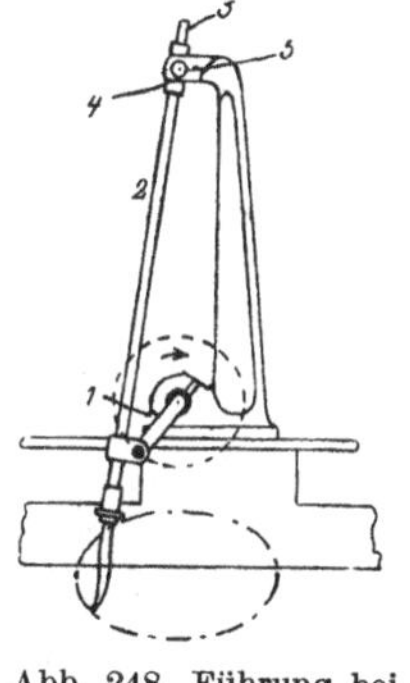

Abb. 248. Führung bei der Waschmaschine.

der losen Wolle gebräuchlichen Maschine, ist zumeist nach dem Prinzip dieses Getriebes gebaut (Abb. 248). Kurbel *1* führt Stange *2* in einem Punkte im Kreise herum, während das Ende *3* derselben in der Hülse *4*

verschiebbar ist, die um Zapfen *5* schwingt. Das andere Ende des
Rechens beschreibt zufolge dieser Verbindung eine Kreiskonchoide, so
daß der Rechen in die Waschflüssigkeit eintaucht, die Wolle weiterbeför-
dert, dann emporsteigt und außerhalb der Flüssigkeit zurückwandert.

Eine etwas abgeänderte Form des Getriebes
zeigt Abb. 249, bei der die Stange *2* an einem
Punkte so wie früher im Kreise herumgeführt
wird, während das eine Ende in einem Bogen

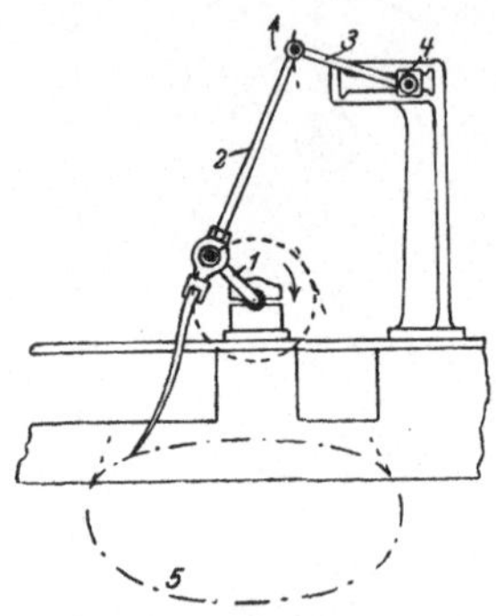

Abb. 249.
Führung bei der Waschmaschine.

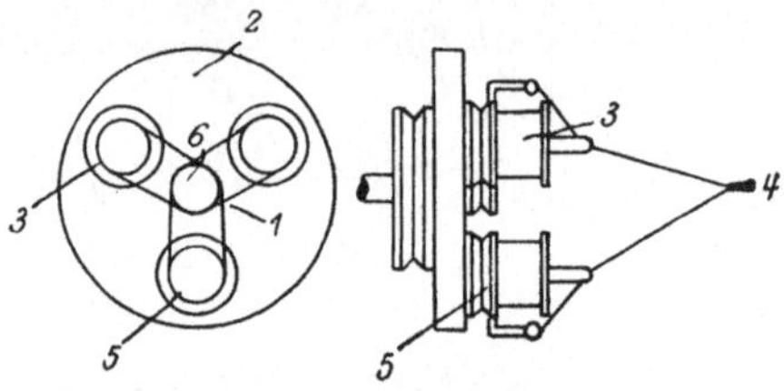

Abb. 250. Parallelführung für Goldposamente.

schwingt, dessen Mittelpunkt in einer Geradführung *4* hin und her gleitet.
Die Bahn des anderen Endes *5* ist eine ellipsenförmige Kurve.

Hierher gehören auch die Getriebe zur **Parallelführung**, bei welcher sämtliche Punkte des bewegten Körpersystems beliebige, aber unter-
einander parallele Bahnen beschreiben. Eine derartige **Führung** ist

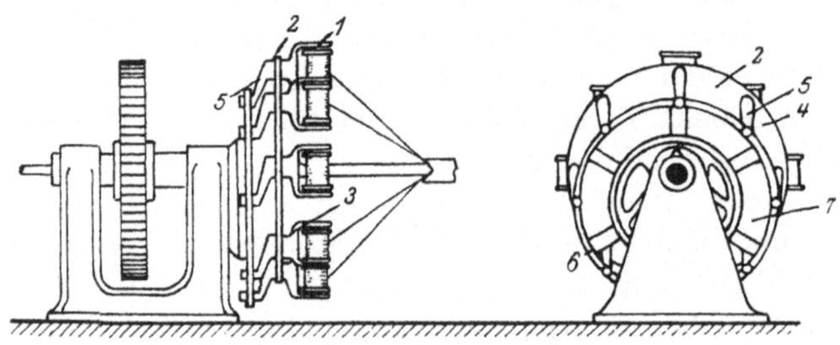

Abb. 251. Parallelführung für Seilspinnmaschinen.

u. a. zur **Herstellung von Goldposamenten**[1]) notwendig, bei denen
einzelne mit geplättetem Draht, sog. Lahn umwickelte Seidenfäden
zusammengedreht werden (Abb. 250).

Schnurscheibe *2* dreht sich auf Welle *1* mit den drei Spulen *3*, welche
die Seidenfäden enthalten. Die drei Fäden, welche bei *4* zusammenlaufen,
werden durch Drehen der Scheibe zusammengezwirnt.

Wären die Spulen fest auf der Scheibe, so würden die Fäden bei
jedem Umlauf der Scheibe in sich gedreht, was wegen der steifen, metal-

---

[1]) **Weisbach**: Ingenieur- u. Maschinenmechanik III, 3, S. 1820.

lischen Fäden untunlich wäre. Dieselben sollen vielmehr so herumbewegt werden, daß sie im Raume mit der ursprünglichen Lage stets parallel bleiben, sich also um ihre eigene Achse nicht drehen. Um dies zu erreichen, trägt jede Spule eine kleine Rolle *5*, welche durch Rolle *6* auf Welle *1* und Schnur in entgegengesetzter Richtung gedreht wird, wie die Spulen zufolge des Herumführens durch Scheibe *1*. Die resultierende Drehung der zwei gleichen, aber entgegengesetzten Drehungen ist Null, d. h. die Spulen vollführen eine Parallelbewegung.

Eine ähnliche Vorrichtung wird beim Seilspinnen benötigt[1]) (Abb. 251). Hier sitzen die Spulen *1* am Umfang der Scheibe *2* in drehbaren Bügeln *3*, deren Zapfen *4* mit einer Kurbel *5* versehen ist. Die Kurbeln sind gleich lang, miteinander parallel und liegen mit dem Kurbelzapfen in einem Ring *6*, der denselben Durchmesser hat wie der Kreis, in dem die Achsen der Bügel angeordnet sind, jedoch um die Länge einer Kurbel verschoben ist. Dieser Ring wird durch eine am Gestell feste exzentrische Scheibe *7*

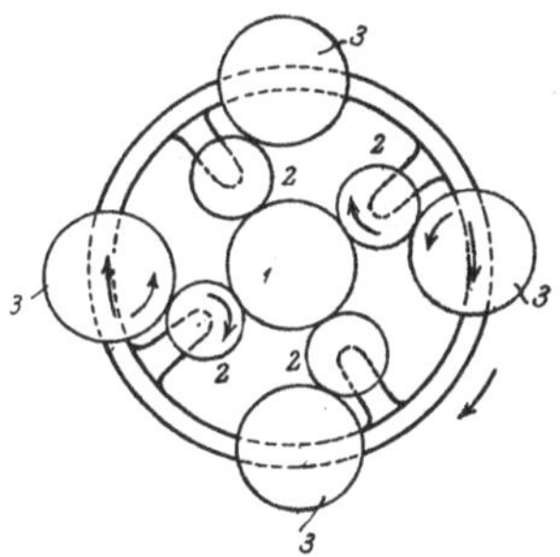

Abb. 252. Parallelführung für Flechten.

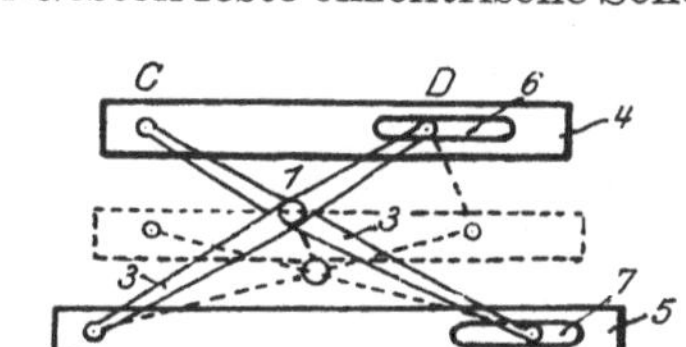

Abb. 253. Diagonallineal.

in seiner ursprünglichen Lage gehalten, und die Folge ist eine Parallelführung der Spulen auf Grund des oben angegebenen Prinzips.

Eine andere Vorrichtung ist die in Abb. 252 angegebene zum **Flechten von Litzen ohne Verwindung**[2]). Das mittlere unbewegliche Zahnrad *1* wird von mehreren kleineren Zahnrädern *2* berührt, die ihrerseits in die Räder *3* eingreifen und dieselben als Transporteurräder in Umdrehung versetzen. Die Räder *2* und *3* sitzen in einem gemeinsamen Ringe, der in einer bestimmten Richtung gedreht wird. Wenn die Räder *3* mit dem Rad *1* gleich groß sind, dann wird jede Rechtsdrehung der ersteren zufolge der Ringdrehung durch eine gleich große Linksdrehung neutralisiert, die von der Zahnradübersetzung ausgeht, so daß die resultierende Drehung Null ist.

Zu den Parallelführungen gehört auch das **Diagonallineal** (Abb. 253), das auf der Eigenschaft des Trapezes *ABCD* beruht, wonach die Diagonalen mit den parallelen Seiten ähnliche Dreiecke bilden. Verbindet man also zwei um den Drehpunkt *1* drehbare Hebel *2* und *3* mit den

<hr>

[1]) Weisbach: Ingenieur- u. Maschinenmechanik III, 3, S. 1819.
[2]) Weisbach: Ingenieur- u. Maschinenmechanik S. 1818.

Schienen *4* und *5*, die mit Schlitzen *6* und *7* versehen sind so, daß die
Abschnitte der Hebel einander proportional sind, so müssen sich die
zwei Schienen bei allen Lagen der Hebel parallel stellen.

Eine Vervielfältigung dieses Diagonallineals gibt die sog. Nürnberger Schere (Abb. 254), die zum Schären und Bäumen verschieden
breiter Ketten Verwendung findet
und u. a. auch zur Breitenver-
stellung eines Harnischbrettes
der Jacquardmaschine benutzt
wurde.

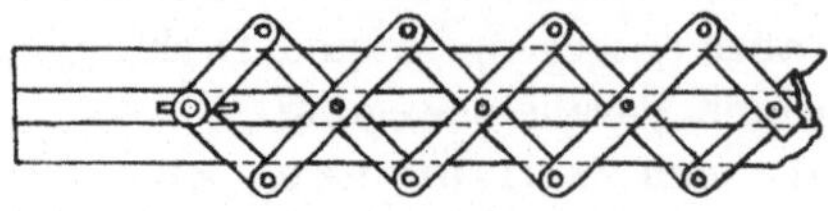

Abb. 254. Nürnberger Schere.

Eine ältere Verwendung zeigt
Abb. 255 zur Bewegung des Kartenprismas *2* einer Jacquardmaschine in
horizontaler Richtung, welches durch die vertikale Bewegung des Dia-
gonals *1* veranlaßt wird.

Zu den Führungen, die in der Textiltechnik Verwendung finden,
gehört der sog. Storchschnabel, welcher
auf folgendem Prinzip beruht (Abb. 256)[1].

Wenn wir ein Parallelogramm *ABCD* mit

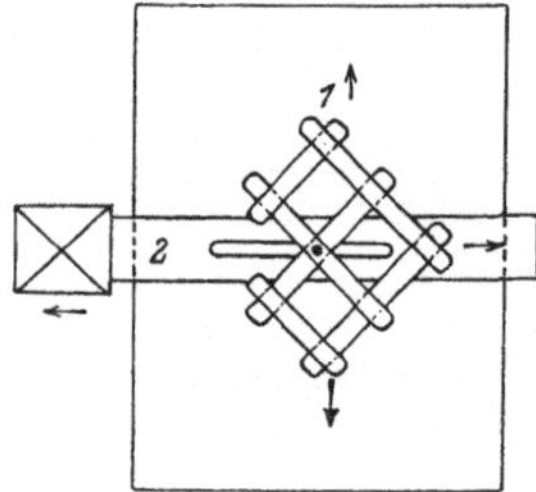

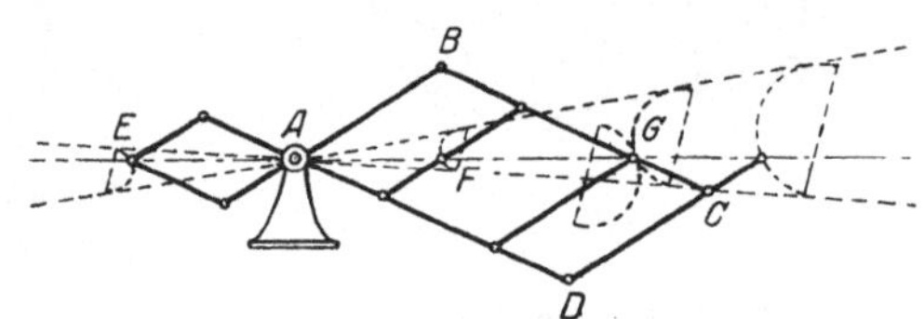

Abb. 255. Nürnberger Schere
bei Jacquardmaschine.

Abb. 256. Storchschnabel.

einer beliebigen Geraden *EG* schneiden, den einen Schnittpunkt *A* als
Fixpunkt betrachten, um den wir das ganze System drehen, dann beschreiben die anderen drei Schnitt-
punkte *EFG* ähnliche Kurven, für die
Punkt *A* ein innerer oder äußerer
Ähnlichkeitspunkt ist, je nachdem
die Punkte auf derselben oder auf
entgegengesetzten Seiten des Fixpunktes liegen.

Die Richtigkeit des Satzes folgt
daraus, daß die Seiten *AB* und *CD*
bei jeder Verschiebung des Systems
miteinander parallel bleiben. Es folgt

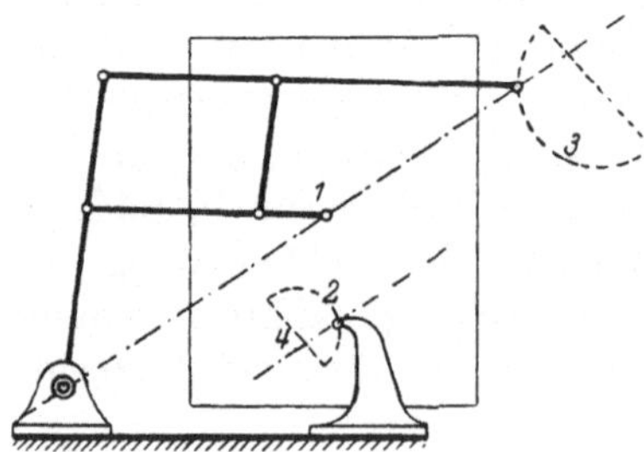

Abb. 257. Storchschnabel für Stickmaschine.

daraus, daß die Abstände des Fixpunktes von den übrigen Schnitt-
punkten in einem unveränderlichen Verhältnis stehen, was eben eine
Eigenschaft der ähnlichen Kurven ist.

---

[1] Reuleaux: Kinematik II, S. 285.

Bewegt bei einem gewöhnlichen Storchschnabel[1]) der eine Punkt *1* desselben statt eines Stiftes eine neue Schreibfläche (Abb. 257) so, daß deren Ränder stets parallel bleiben, dann beschreibt ein fester Stift oder eine feste Nadel die Kurve *3* umgewendet auf die bewegliche Schreibfläche bei *4*.

Bei der Heilmannschen Stickmaschine, Abb. 258, wird der Stickrahmen *1* mit dem eingespannten Gewebe durch die Sticknadel *2* laut Stickmuster *3* mit der Hand verstellt sowohl auf und ab wie hin und her, aber nur in parallele Lagen. Die Sticknadel beschreibt demzufolge auf dem Gewebe ein umgewendetes, verkleinertes Bild der Vorzeichnung. Der Fixpunkt *4* und der Aufhängepunkt des Rahmens *5* bilden mit Sticknadel *2* eine Transversale *6*, die das Parallelogramm des Storchschnabels schneidet.

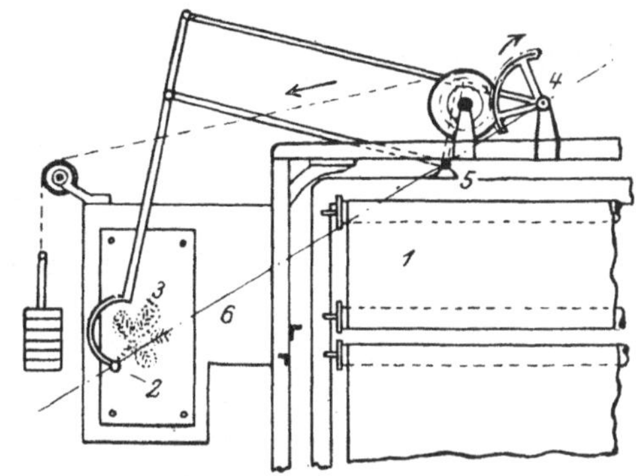

Abb. 258. Storchschnabel für Stickmaschine.

Zu den Parallelführungen gehört schließlich das früher erwähnte Räderknie[2]) (S. 7), bei welchem die Eckräder des Getriebes Parallelräder sind, d. h. dreht man das erste Eckrad, dann beschreiben die anderen Eckräder ganz dieselben Drehwinkel, bei was immer welcher Bewegung, die der Eckpunkt des Knies vollführt. Da jede ebene Bewegung eines solchen Systems als eine Drehung um den Momentanpol aufgefaßt werden kann, so können wir die Parallelbewegung auch dadurch charakterisieren, daß die unendlich fernen Pole der Eckräder gemeinsam sind.

---

[1]) Siehe Reuleaux: Kinematik II, S. 286; II, S. 341.
[2]) Siehe Burmester: Kinematik S. 512 ff.

Literaturverzeichnis.

Barber, T. W.: The engineers sketchbook. E. & F. N. Spon. London 1906.
Bosshard, O.: Die mechanische Baumwollzwirnerei. Weimar 1891.
Brown, A.: Practical treatise on the powerloom IV ed. Mathew. Dundee 1887.
Burmester: Lehrbuch der Kinematik. Leipzig 1886/88.
Christmann-Baer: Grundzüge der Kinematik. Springer. Berlin 1910.
Demuth: Die Spindelbänke für Baumwollspinnerei. Sollor, Reichenberg.
Ebner, J.: Leitfaden der technisch wichtigen Kurven. Teubner. Leipzig 1906.
Edelstein, S.: Die Fachbildgetriebe am mech. Webstuhl.
— Die Kettenspaltgetriebe am mech. Webstuhl.
Fiedler-Kinzer: Technologie der Handweberei. Graeser. Wien 1894.
Glafey, H.: Spinnen und Zwirnen.
— Die Textilindustrie.
Gräbner, E.: Die Weberei (Handbuch der gesamten Textilindustrie). Jänecke.
   Leipzig 1913.
Grothe, H.: Technologie der Gespinstfasern. Berlin 1875.
Grübler: Getriebelehre. Springer. Berlin 1925.
Gürtler, M.: Weberei, Wirkerei, Spinnerei und Zwirnerei. Göschen. Leipzig 1910.
Handbuch der gesamten Textilindustrie. Jänecke. Leipzig.
Hartmann: Maschinengetriebe. Deutsche Verlagsanstalt. Stuttgart u. Berlin
   1913.
Haussner, A.: Vorlesungen über mech. Technologie der Faserstoffe. Fr. Deuticke.
   Leipzig und Wien 1907. 1. Aufl.
Hentschel, F. M.: Lehrbuch der Kammgarnspinnerei.
Hoyer, Eg.: Verarbeitung der Faserstoffe. Kreidel. Wiesbaden 1900.
Johannsen: Baumwollspinnerei. Leipzig 1902.
Karmarsch-Fischer: Handbuch der mech. Technologie. Spinnerei-Weberei.
   6. Auflage. Loewenthal. Berlin.
Keller: Berechnung und Konstruktion der Triebwerke. Bassermann. München
   1904.
Kinzer: Mech. Technologie der Appretur. Deuticke. Leipzig u. Wien 1917.
Kraft, M.: Spinnerei, Weberei und Papierfabrikation. (Mech. Technologie.)
   Kreidel. Wiesbaden 1903.
Lehmann: Die Spinnerei. (Aus Natur und Geisteswelt 338.)
Lembcke, E. R.: Mechanische Webstühle. Braunschweig 1886—1893.
Lindner, G.: Spinnerei und Weberei. Gutsch. Karlsruhe u. Leipzig.
Lohren: Die Kämm-Maschinen. Stuttgart 1875.
Marschik, S.: Technik und Wirtschaft des Webereibetriebes. B. Voigt. Leipzig
   1920.
Meyer-Zehetner: Technik und Praxis der Kammgarnspinnerei. Springer.
   Berlin 1923.
Mikolaschek, K.: Mechanische Weberei. I., II., III. Fr. Deuticke. Wien u.
   Leipzig 1904—1923.
Nasmith, J.: The students cotton spinning. III. ed. Heywood. London 1898.

Niess: Die Baumwollspinnerei. Voigt. Weimar 1885.
Oelsner: Die deutsche Webschule. 7. Auflage. Altona 1899.
Pfuhl: Die Jute und ihre Verarbeitung. Springer. Berlin 1891.
Polster: Kinematik. S. Göschen. Leipzig 1912.
Preu, R.: Die Kammgarnspinnerei. Borntraeger. Berlin 1920.
Reh: Lehrbuch der mech. Weberei. Gerold. Wien 1889.
Reiser: Lehrbuch der Spinnerei, Weberei und Appretur. Altona 1890 1898.
Reuleaux: Theoretische Kinematik. F. Vieweg & Sohn. Braunschweig 1875.
— Praktische Beziehungen der Kinematik. F. Vieweg & Sohn. Braunschweig 1890.
Repenning, H.: Die mech. Weberei. M. Krayn. Berlin 1911. 1. Aufl.
Rohn, G.: Die Ausrüstung der textilen Waren. Springer. Berlin 1918.
— Die Garnverarbeitung. Springer. Berlin 1917.
— Die Spinnerei in technol. Darstellung. Springer. Berlin 1910.
Schams: Theorie der Schaftweberei. Weimar 1892.
Scott-Taggart, Bauer: Die Baumwollspinnerei. Oldenbourg. München, Berlin
    1914.
Utz: Praxis der mech. Weberei. Uhland. Leipzig 1907.
— Technologie der Textilindustrie.
Weisbach: Lehrbuch der Ingenieur- u. Maschinenmechanik. Vieweg. Braun-
    schweig 1901. 2. Aufl.
Wéve, Louis: Cinematique des mécanismes. Béranger. Paris 1907.
Wickardt, A.: Die Webereimaschinen. Leipzig 1908.
Willkomm, G.: Technologie der Wirkerei. Leipzig. 1887. 1893.
Worm, J.: Wirkerei und Strickerei. Jänecke. Leipzig 1913.
Zipser-Marschik, J.: Die textilen Rohmaterialien und ihre Verarbeitung. Deu-
    ticke. Wien u. Leipzig 1921.

Sachverzeichnis.

Technik und Praxis der Kammgarnspinnerei. Ein Lehrbuch, Hilfs- und Nachschlagewerk. Von Direktor **Oskar Meyer,** Spinnerei-Ingenieur zu Gera-Reuß, und **Josef Zehetner,** Spinnerei-Ingenieur, Betriebsleiter in Teichwolframsdorf bei Werdau i. Sa. Mit 235 Abbildungen im Text und auf einer Tafel sowie 64 Tabellen. XI, 420 Seiten. 1923.   Gebunden RM 20.—

Neue mechanische Technologie der Textilindustrie. Von Dr.-Ing. e. h. **G. Rohn** in Schönau bei Chemnitz. In drei Bänden nebst Ergänzungsband.
Erster Band: **Die Spinnerei in technologischer Darstellung.** Mit 143 Textfiguren. XII, 186 Seiten. 1910.   Vergriffen.
Zweiter Band: **Die Garnverarbeitung.** Die Fadenverbindungen, ihre Entwicklung und Herstellung für die Erzeugung der textilen Waren. Ein Hand- und Hilfsbuch für den Unterricht an Textilschulen und technischen Lehranstalten sowie zur Selbstausbildung in der Faserstoff-Technologie. Mit 221 Textabbildungen. XVI, 168 Seiten. 1917.
Gebunden RM 5.—
Dritter Band: **Die Ausrüstung der textilen Waren.** Mit einem Anhange: Die Filz- und Wattenherstellung. Ein Hand- und Hilfsbuch für den Unterricht an Textilschulen und technischen Lehranstalten sowie zur Selbstausbildung in der Faserstoff-Technologie. Mit 196 Textfiguren. XX, 240 Seiten. 1918.   Gebunden RM 7.—
Ergänzungsband: **Textilfaserkunde** mit Berücksichtigung der Ersatzfasern und des Fasernstoffersatzes. Ein Hand- und Hilfsbuch für den Unterricht an Textilschulen und technischen Lehranstalten sowie für Textiltechniker, Landwirte, Volkswirtschaftler usw. Mit 87 Textfiguren. X, 94 Seiten. 1920.   Gebunden RM 3.—

Taschenbuch für die Färberei mit Berücksichtigung der Druckerei. Von **R. Gnehm.** Zweite Auflage, vollständig umgearbeitet und herausgegeben von **R. v. Muralt,** Dipl.-Ing.-Chemiker, Zürich. Mit 50 Abbildungen im Text und auf 16 Tafeln. VII, 220 Seiten. 1924.   Gebunden RM 13.50

Praktikum der Färberei und Druckerei. Für die chemisch-technischen Laboratorien der Technischen Hochschulen und Universitäten, für die chemischen Laboratorien höherer Textil-Fachschulen und zum Gebrauch im Hörsaal bei Ausführung von Vorlesungsversuchen. Von Dr. **Kurt Brass,** a. o. Professor der Technischen Hochschule Stuttgart, an der Chemischen Abteilung des Technikums und des Forschungs-Instituts für Textil-Industrie, Reutlingen. Mit 4 Textabbildungen. VI, 86 Seiten. 1924.   RM 3.30

Getriebelehre. Eine Theorie des Zwanglaufes und der ebenen Mechanismen. Von Prof. **M. Grübler,** Dresden. Mit 202 Textfiguren. VIII, 154 Seiten. 1917. Unveränderter Neudruck. 1921.   RM 4.20

Christmann-Baer, Grundzüge der Kinematik. Zweite, umgearbeitete und vermehrte Auflage. Von Prof. Dr.-Ing. **H. Baer,** Breslau. Mit 164 Textabbildungen. VI, 138 Seiten. 1923.   RM 4.—; gebunden RM 5.50

Mechanisch- und physikalisch-technische Textiluntersuchungen. Von Prof. Dr. **Paul Heermann,** Abteilungsvorsteher der Textilabteilung am Staatl. Materialprüfungsamt in Berlin-Dahlem. Zweite, vollständig umgearbeitete Auflage. Mit 175 Abbildungen im Text. VIII, 270 Seiten. 1923.
Gebunden RM 12.—

Färberei- und textilchemische Untersuchungen. Anleitung zur chemischen Untersuchung und Bewertung der Rohstoffe, Hilfsmittel und Erzeugnisse der Textilveredelungsindustrie. Von Prof. Dr. **Paul Heermann,** Abteilungsvorsteher der Textilabteilung am Staatl. Materialprüfungsamt in Berlin-Dahlem. Vereinigte vierte Auflage der „Färbereichemischen Untersuchungen" und der „Koloristischen und textilchemischen Untersuchungen". Mit 8 Textabbildungen. X, 370 Seiten. 1923.
Gebunden RM 15.—

Technologie der Textilveredelung. Von Prof. Dr. **Paul Heermann,** früher Abteilungsvorsteher der Textilabteilung am Staatlichen Materialprüfungsamt in Berlin-Dahlem. Zweite, erweiterte Auflage. Mit 204 Abbildungen im Text und einer Farbentafel. XII, 656 Seiten.
Gebunden RM 33.—

Betriebseinrichtungen der Textilveredelung. Von Prof. Dr. **Paul Heermann,** Berlin-Dahlem, und Ingenieur **Gustav Durst,** Fabrikdirektor in Konstanz a. B. Zweite Auflage von „Anlage, Ausbau und Einrichtungen von Färberei-, Bleicherei- und Appretur-Betrieben" von Dr. Paul Heermann. Mit 91 Textabbildungen. VI, 164 Seiten. 1922.
Gebunden RM 7.50

Die Kunstseide und andere seidenglänzende Fasern. Von Dr. techn. **Franz Reinthaler,** a. o. Professor an der Hochschule für Welthandel, Wien. Mit 102 Abbildungen im Text. VI, 166 Seiten. 1926. Gebunden RM 14.40

Die Kunstseide auf dem Weltmarkt. Von Dr. **Martin Hölken** jr., Geschäftsführer der Hölken-Seide G. m. b. H. in Barmen. Mit 1 Diagramm im Text. IV, 82 Seiten. 1926.
RM 3.90

Die mikroskopische Untersuchung der Seide mit besonderer Berücksichtigung der Erzeugnisse der Kunstseidenindustrie. Von Professor Dr. **Alois Herzog,** Vorsteher der Biologischen Abteilung am Deutschen Forschungsinstitut für Textilindustrie und Dozent an der Sächsischen Technischen Hochschule in Dresden. Mit 102 Abbildungen im Text und auf 4 farbigen Tafeln. VII, 197 Seiten. 1924.
Gebunden RM 15.—

Kenntnis der Wasch-, Bleich- und Appreturmittel. Ein Lehr- und Hilfsbuch für technische Lehranstalten und die Praxis von Ing.-Chemiker **Heinrich Walland,** Professor an der Technisch-Gewerblichen Bundeslehranstalt, Wien I. Zweite, verbesserte Auflage. Mit 59 Textabbildungen. X, 337 Seiten. 1925.
Gebunden RM 16.50